北京城市水土保持理论与实践

袁爱萍　主编

中国水利水电出版社
www.waterpub.com.cn
·北京·

内 容 提 要

城市水土保持是一项综合性、系统性、创新性工作，涉及多个学科、行业和部门。本书涉及城市水土保持理论基础、城市建设、措施、监督管理体系等诸多内容，并结合案例与成效，力求理论与实践相结合，生态与安全相结合，以近年来北京城市水土保持建设和管理的实践为基础，系统总结了北京城市水土保持建设与管理的经验和做法，以进一步推动和促进北京城市水土保持各项工作的高质量发展。

本书可供城市水土保持行业从业人员使用，也可供相关科研人员、工程技术人员和管理人员参考。

图书在版编目（CIP）数据

北京城市水土保持理论与实践 / 袁爱萍主编. 北京 : 中国水利水电出版社, 2024. 12. -- ISBN 978-7-5226-3104-2

Ⅰ. S157

中国国家版本馆CIP数据核字第2025S8G470号

书 名	**北京城市水土保持理论与实践** BEIJING CHENGSHI SHUITU BAOCHI LILUN YU SHIJIAN
作 者	袁爱萍 主编
出版发行	中国水利水电出版社 （北京市海淀区玉渊潭南路 1 号 D 座 100038） 网址：www. waterpub. com. cn E-mail：sales@mwr. gov. cn 电话：(010) 68545888（营销中心）
经 售	北京科水图书销售有限公司 电话：(010) 68545874、63202643 全国各地新华书店和相关出版物销售网点
排 版	中国水利水电出版社微机排版中心
印 刷	天津嘉恒印务有限公司
规 格	184mm×260mm 16 开本 10.5 印张 256 千字
版 次	2024 年 12 月第 1 版 2024 年 12 月第 1 次印刷
印 数	0001—3200 册
定 价	**58.00** 元

编　委　会

主　　编： 袁爱萍

副 主 编： 宋秀瑜　李世荣

编写人员： 袁爱萍　宋秀瑜　李世荣
姜德文　王冬梅　陈芳孝
蔡　雳　张玉琴　包美春
李文宇　赵　宇　于　洋
张泽洲

统　　稿： 王冬梅　李世荣　赵　宇

序言

北京生态空间保护的关键是水土保持

水是生命之源，土是生存之本。在人与自然共生的历史长河中，自然塑造着人类，人类改变着自然，在双向互动的过程中，人类只有保护好水、土两大自然要素，才有利于形成山水林田湖草沙、花鸟鱼虫各物种一体化良性互动的生命共同体，才能为人类构建良好的自然环境、生态环境、宜居环境。北京市拥有3000余年的建城史，800余年的建都史，历朝历代，国土空间开发利用强度都较大。新中国建立后，加大治水造林力度，改造河山自然生态环境，但人口持续增加，对资源环境的压力持续加大。2017年开始，新版城市总体规划推动北京走向疏解整治促提升、减量化高质量化发展之路，为北京的国土空间带来难得的休养生息机会。面对气候变化导致的各种极端天气频繁出现，要建设成为政治中心、文化中心、科技中心、国际交往中心和国际一流和谐宜居城市，急需对北京生态空间进行有效保护，关键是做好水土保持。

一、保水的关键是径流调控

如今，大家都能切身感受到气候变化对我们生活的影响，2023年7月29日20时至8月2日7时，持续降雨83小时，全市平均降雨331mm，房山平均降雨599mm，门头沟平均降雨586mm，全市降水总量达54.31亿m^3。大石河漫水河水文站流量达5300m^3/s，张坊水文站达7330m^3/s，卢沟桥水文站达4650m^3/s，分别是超200年一遇、超30年一遇、超50年一遇洪水，卢沟桥洪峰流量1.5小时从1000m^3/s上升到4650m^3/s，是1925年以来最大洪峰，官厅山峡洪峰持续3小时50分，漫水河洪峰持续2小时20分。此前2012年的“7·21”特大暴雨，全市平均降雨170mm，持续时间为19小时。虽然已建的水库、堤防、排涝设施发挥了巨大作用，但两次强降雨都造成北京河水漫溢、山洪暴发、城市内涝，带来巨大损失。总结反思，保水的体系有待进一步完善，关键是对降雨的产汇流进行全过程调控，形成系统性径流调控体系，最大限度地变害为利，具体体现在以下7个环节：

（1）山区坡面调控。要以小流域为单元，根据坡向、坡度、植被、生产生活土地利用现状，划定排水分区，制订实施有效的水土保持措施，细化径流路径，确定每个分区范围内降雨场次不同的降水强度与雨量的入渗量、拦蓄量、排泄量，提升坡面涵养积蓄的功能，从源头上减少径流量，并实现清水下山、净水入河。

（2）山区沟道调控。沟道直接承接山坡径流，沟道调控的核心是畅通、拦沙、缓洪。畅通方面，要巧借自然地势，充分利用两山夹一沟的高山地势挡洪作用，要杜绝人为地在沟道里修渠道，沟道内局部的居民区段要提高防洪工程标准，确保标准内洪水居民安全，超标准可及时转移以确保安全，沿着沟道两侧或一侧修建的道路，要按照防洪标准规划设计，杜绝阻水或缩窄沟道断面，沟道内种植农作物、树木以不抬高沟道河底高程、不形成阻水为前提，村庄基础设施以布局在规划设计洪水标准高程以上为宜；拦沙方面，主要在沟道内最大限度地控制坡面侵蚀带来的泥沙、滑坡崩塌带来的土石堆积物，措施是科学分析布局塘坝、拦沙坝、淤地坝；缓洪方面，主要是减缓强降雨坡面产流、沟道汇流的过程，措施是布设坡面梯田、树盘、等高撩壕，以及沟道塘坝、拦沙坝、淤地坝。

（3）山区河道调控。从山区的坡面到一条条沟道，一条条沟道再汇聚成河道，降雨产汇流在持续地演进、变化。山区河道的调控措施，一方面是确保河底高程不抬高、河道断面不缩窄，没有阻水设施，排水畅通；另一方面是修建水库调蓄调控径流，北京80余座水库大多修建在山区的河道上，对坡面、沟道径流形成有效调控，不仅保护了平原和城市地区，而且变害为利，形成可利用的水资源。

（4）平原田园调控。平原地区，田园的地势相对平缓，有利于降雨入渗回补地下水，需要田面与沟路林渠统筹规划，最大限度地提高涵养入渗能力，并减少地表径流的外溢排泄量。同时，利用天然地势，结合城乡建设人工改造，形成高高低低、错落有致的地形，以及坑坑洼洼的天然积水空间，最大限度地积蓄利用雨水资源。

（5）城市小区调控。城市是开发强度最大、建设最密集的空间，不管是公共设施、居民住宅区，还是公园绿地，都是通过一个个用地单元推动实施的，因此，每个用地单元小区的径流调控至关重要。要根据城市建设现状，对城市进行精细化排水单元划分，以排水单元引领小区径流调控。新建小区，要通过综合设计建设，确保正常降雨不增加径流系数；老旧小区，要通过城市更新，确保正常降雨不增加径流系数。每个排水单元要形成系统的正常降雨不增加径流系数的雨水积蓄利用工程、管理、调度、监测评价体系；为应对超标准降水，每个排水单元要建立与绿地、蓄涝区排水畅通的工程体系，要改造高高在上的绿地，使其成为低洼接水的友好空间，要根据城市地形条件，顺势而为地规划建设蓄涝区，调控超标准降水径流。

(6) 平原河道调控。主要是修建堤防以控制河水不漫溢，修建闸坝拦蓄洪水并控流调峰，利用低洼地势构建湿地涵养水源调控径流，构建水网，优化调度，实现资源化利用。

(7) 系统布局蓄滞洪区调控。从坡面到沟道再到河道，从山区到平原，从乡村到城市，可系统化、网络化、生态化地对径流进行调控，但天有不测风云，为应对极端降水产生的径流，要统筹考虑径流大小、影响区位的重要性、自然地理条件等多重因素，在全市规划建设蓄滞洪区，可形成径流调控的额外保障措施。

在北京的大地上，保水的目的是把降雨径流无害化、资源化、生态化，支撑宜居城市建设，目前上述7个环节都存在短板，特别是山区坡面、山区沟道、城市小区短板更为突出，需要加快步伐补短板。

二、保土的关键是资源化利用

土是生存之本，土壤是最宝贵的自然资源之一。土壤是动植物的栖息地，是人类食物的生产之要，是储水、储碳的天然宝库。土壤的形成是大自然沧海桑田、漫长演替的过程，人为活动既可以加速形成有利于人类与自然的土壤，也可以破坏最宝贵的土壤资源，人类活动必须建立在敬畏自然的认知之上，把保土作为一项必须承担的责任，落实在生产、生活涉及的各类项目与活动之中，要以“土木工程不可擅动”的态度对各类动土行为进行严格管控，依法监管，使“五土”实现“五化”。

(1) 因地制宜管理“五土”。从目前的实践看，生产建设项目与人类活动主要影响到具有耕种功能的表土、向地下开发要空间产生的岩土、城市更新产生的渣土、交通水利等线性设施开挖的槽土、天然河道清淤等行为产生的泥土，即“五土”。每个项目或活动范围一般都会涉及两种及以上类型的土，一定要依法以资源化利用为目标，确定每类土的开挖、搬运、储存、利用方案及时序安排，切忌混合管理、无序管理、无目标管理、放任管理、对付检查管理。

(2) 因地制宜落实“五化”。“五化”即减量化、安全化、资源化、生态化、景观化。减量化是动土管理的前提，要在项目或活动的规划设计阶段就以最大限度地减少改变现有地形地貌、减少挖填土方为目标，综合规划设计、新技术利用、协同管理，不断优化方案，做到减量化；安全化是土方管理的基础，不管是挖、填、堆，还是针对隧洞、斜坡、基坑，必须确保结构安全，特别是弃土堆放一定要确保稳定、安全，要进行安全性、稳定性监测，防止造成次生灾害；资源化是动土管理的目标，要科学布局，精细化管理，建立项目内、跨项目、跨行业、跨区域、跨年度动态调控利用机制，最大限度地落实资源化利用的目标；生态化是动土管理的价值追求，主要任务是在人为改变地形地貌后，不降低或少影响原有的保绿、固碳、储水等自然功能，要做到过程无扬尘、径流调控红线内不增加、无裸露、运维成本低，致力于生态价值的保护、维护与提升；景观化是动土管理的发展需求，不管项目范围是点、线、面，还是项目穿越、关联城市、乡村、田园，动土必须最大限度地减少对当地景观风貌的影响，或者主动融入当地的景观风貌格局体系，要防止“突兀”自己，影响当地，要与主体设施、周边、区域有融合之美。

（3）因地制宜确定监管机制。要以“五土”实现“五化”为主线，两手发力，综合施策。

要前期谋划到位，要统筹项目业主、勘察单位、主体设计单位以及水土保持、环境影响评估、交通影响评价方案编制单位，根据项目的特点，共同研究“五土”实现“五化”的具体路径；要过程监管到位，要对每个项目涉及的土的种类分类监管，对每类土的挖、运、填、用、存、转的全过程进行监管，坚决杜绝乱堆、乱弃、乱填，要对汛期每场降雨后项目工程的水土流失状况进行监测监管，要对项目主体工程完成后土方的“五化”进行系统梳理，补齐短板；要统筹调度到位，例如京蔚高速公路等弃土量巨大，本项目、关联项目与地域空间也无力消纳土方，不能实现土方“五化”的，要探索由业主单位以市场化、资源化的管理思路，由其他地区消纳，杜绝乱弃、偷弃；要引导到位，特别是要加大对勘察、设计、方案编制、监测、验收等技术单位的培训，形成共同推动“五土”实现“五化”的合力，在实践中不断完善；要处罚到位，包括违法行为处罚、信用处罚，通过处罚，进一步约束非法行为，凝聚共识，形成合力，全过程推动“五土”实现“五化”工作。

三、生态空间保水保土的关键是低扰动

充分发挥大自然的自我修复功能，减少人为扰动，有利于提升生态空间的保水保土功能，进而提升生境多样性、生物多样性和生态产品综合价值。

（1）水土生态空间规划方面，坚持系统性、精细化。要以小流域为单元，以精细化分区排水径流调控为基础，统筹推动治山、治水、治林、治田、治村（小区），实现山水林田湖草沙一体化保护，引领安全防洪、节约水资源、保护水源地等工作。

（2）水土生态空间管理方面，坚持低扰动，少动土、少动植被、少开采。要通过遥感等手段，定期对全市全域进行全面监测，发现人为随意的破坏活动，要通报、要考核、要依法处罚，推动全域依靠大自然的力量自我修复。

（3）水土生态空间安全保障方面，坚持河道、沟道、渠道不能有阻水设施，不能缩窄断面，不能抬高底高程，不能有变成泥石流堰塞湖的堆积物，不能乱挖乱弃土。

杨进怀

2024 年 10 月

前言

北京市位于华北平原北部，坐落于永定河冲积平原上，面积为16410km^2，山区面积占62%，平原区面积占38%。地形西北高、东南低，西部为太行山，北部为燕山山脉。北京境内有五大水系，分别为大清河、永定河、北运河、潮白河和蓟运河。北京年均降水量为585mm，但受降水时空分布不均、降水时段集中、局地暴雨突发等因素影响，极易造成城市内涝，引发水土流失。

2014年，习近平总书记视察北京时指出，不断发展的北京，面临很多揪心的生态环境问题：河水断流、地下水超采、地面沉降等，人口、环境、交通、住房、资源等“大城市病”，都严重困扰着北京的发展。2016年1月5日，习近平总书记在中央城镇化工作会议上指出，要建设自然积存、自然渗透、自然净化的海绵城市，综合采取渗、滞、蓄、净、用、排等措施。2018年7月，习近平总书记对防汛工作作出指示，努力减轻山洪灾害、城市内涝和台风灾害损失。

为了积极落实习近平总书记视察北京时重要讲话精神和对北京工作的一系列重要指示，时任北京市委书记蔡奇提出治水要从治村抓起，保水要从保绿抓起，节水要从种植抓起，管水要从沿岸抓起；上游保水、护林保水、库区保水、依法保水、政策保水的“四抓五保”工作要求。时任北京市市长陈吉宁要求，用生态的办法解决生态问题。《北京市水土保持条例》第三十条规定：“本市加强雨水控制与利用工作，充分利用雨水资源，建设海绵城市，改善生态环境。鼓励在已建成的居住小区、公园、绿地、道路、下凹式立交桥及其他人口密集、地势低洼场所等区域建设雨水控制与利用工程。”

在北京市实施城乡一体化发展布局中，北京市的水土保持工作认真落实“建设生态文明是中华民族永续发展的千年大计，山水林田湖草沙是一个生命共同体”的生态保护要求，打破行业、专业的边界，进行顶层设计、系统规划、源头保护、综合治理，时代要求北京城市水土保持工作必须进入新的发展阶段。

为进一步推动和促进北京城市水土保持各项工作高质量发展，我们组织相关专业技术人员，以近年来北京城市水土保持建设和管理的实践为基础，编写了《北京城市水土保持理论与实践》一书，全书共分7章：第1章为“城市水土保持概述”，第2章为“城市水土保持的理论基础”，第3章为“城市水土保持与城市建设”，第4章为“城市水土保持措施”，第5章为“监督管理体系”，第6章为“案例与成效”，第7章为“展望”，系统总结了北京城市水土保持建设与管理的经验和做法。

本书主编为袁爱萍，副主编为宋秀瑜、李世荣。第1章由姜德文、王冬梅、袁爱萍撰写；第2章由王冬梅、袁爱萍撰写；第3章由蔡雳撰写；第4章由张玉琴、李世荣、宋秀瑜、于洋撰写；第5章由包美春、赵宇、张泽洲撰写；第6章由李文宇、蔡雳、李世荣、陈芳孝、王冬梅撰写；第7章由姜德文撰写。全书由王冬梅、李世荣和赵宇统稿。

城市水土保持是一项综合性、系统性、创新性工作，涉及多个学科、行业和部门，本书力求理论与实践相结合，生态与安全相结合，但由于编者水平有限，错误在所难免，不足之处，敬请读者批评指正。

编者

2024年10月

目 录

第1章 城市水土保持概述

城市化是现代化的必然要求和重要标志，也是区分发达国家和发展中国家的一个重要标准。我国正处在城镇化快速发展的进程中，全国的城镇化率已达66.16%。中央提出了加快推进新型工业化、城镇化、信息化、农业现代化（新四化）的目标任务及建设原则。城镇化进程中，必然要进行大规模的道路、供水供电、排水、楼宇、广场、科教文卫等基础设施建设，扰动地表，大量挖填土石方，排放大量弃土弃渣，损坏植被及水土保持设施，导致水土流失加剧，城市生态环境恶化，人居环境质量变差。因此，城镇化过程中的水土资源保护、生态保护与修复若不引起各级党政机关、有关部门和全社会的高度重视，引发的城市内涝、城市雾霾等灾害将愈演愈烈，造成的损失也会愈来愈大，应站在国家经济社会长远发展、人与自然和谐共生现代化的战略高度深入研究和积极应对，全面推进城市水土保持，促进城市生态文明，避免和减轻灾害，保障国家可持续发展已刻不容缓。

习近平总书记于2020年4月在中央财经委员会第七次会议上指出，要坚持以人民为中心的发展思想，坚持从社会全面进步和人的全面发展出发，在生态文明思想和总体国家安全观指导下制订城市发展规划，打造宜居城市、韧性城市、智能城市，建立高质量的城市生态系统和安全系统；2020年11月在江苏考察时强调建设人与自然和谐共生的现代化，必须把保护城市生态环境摆在更加突出的位置，科学合理规划城市的生产空间、生活空间、生态空间，处理好城市生产生活和生态环境保护的关系，既提高经济发展质量，又提高人民生活品质。

中共中央办公厅、国务院办公厅印发的《关于加强新时代水土保持工作的意见》明确指出水土保持是江河保护治理的根本措施，是生态文明建设的必然要求；明确要求实施城市更新行动，推进城市水土保持和生态修复，强化山体、山林、水体、湿地保护，保持山水生态的原真性和完整性，推动绿色城市建设。

1.1 城市水土保持的内涵与任务

1.1.1 城市水土保持的内涵

城市水土保持属于特定区域即城市、城镇范围的水土保持，是与传统水土保持有很大区别的水土保持工作。《中国水利百科全书》中对“水土保持”一词的定义为：防治水土流失，保护、改良和合理利用水土资源，维护和提高土地生产力，以利于充分发挥水土资源的经济效益和社会效益，建立良好生态环境的综合性科学技术；对“城市水土保持”的定义为：对城市、乡镇区域内水土流失的预防和治理，并指出随着城市化（包括农村城镇化）进程的加快，城市开发建设不当也能引发水土流失，水土流失问题已从农村发展到城市，从山区、丘陵区、风沙区扩展到平原区、沿海地区和经济开发区。《中华人民共和国水土保持法》的立法目的即为了预防和治理水土流失，保护和合理利用水土资源，减轻水、旱、风沙灾害，改善生态环境，保障经济社会可持续发展，并明确了水土保持工作的定位。

2012年中央经济工作会议提出“积极稳妥推进城镇化，着力提高城镇化质量”“把生态文明理念和原则全面融入城镇化全过程”。2013年中央城镇化工作会议指出，城镇化是现代化的必由之路；推进城镇化是解决农业、农村、农民问题的重要途径，是推动区域协调发展的有力支撑，是扩大内需和促进产业升级的重要抓手，对全面建成小康社会、加快推进社会主义现代化具有重大现实意义和深远历史意义。中央要求走中国特色、科学发展的新型城镇化道路，核心是以人为本，关键是提升质量，与工业化、信息化、农业现代化同步推进。习近平总书记做好城市工作的基本思路，强调要尊重自然、顺应自然、保护自然，改善城市生态环境，着力提高城市发展持续性、宜居性。中共江西省委党校孙家驹教授指出城市化须走生态模式之路，中国共产党中央财经委员会办公室原副主任杨伟民指出把生态文明的理念全面融入城市化全过程，要尽可能减少对自然生态系统的干扰、损害、破坏。水土保持是生态文明建设的重要组成部分，在中国城镇化进程中，应积极探索新形势下的水土保持战略对策和措施。

城市水土保持是为防治开发建设水土流失和生态景观破坏而实施的管理和技术措施，可使城镇化过程有序化，确保城市化过程中的各种基础设施能发挥正常的功能，其主要内涵包括对城市水土流失的预防和治理、对城市基础设施的生态保障、对城市生态用地的恢复和保护。

新时代城市水土保持不仅以水土流失防治为目的，而且更加侧重于对水、土资源的利用，形成资源化的城市水、土生命共同体。近年来，海绵城市、森林城市的提出为城市水土保持工作的雨水控制利用提供了重要的技术指导，并与城市水土保持的生态服务功能相契合。

1.1.2 城市水土保持的重要性与敏感性

1.1.2.1 城市是政治、经济、文化中心，水土流失与生态环境的敏感性极强

城市是政治、经济、文化中心，尤其是大中型城市更是政治、经济、文化、社会的敏感区。孙家驹曾撰文指出，根据预测，在未来三四十年中，我国城镇化率将提高30多个百分点，城市人口将净增3亿多人，城市总人口将超出10亿人，而美、英、德、法、意、加、澳7个发达国家的总人口也只有6亿多人，因而，中国的城市化不仅是21世纪影响中国，而且是影响世界的大事。人口、非农产业和物质消耗与排放大规模聚集的城市化，将加剧资源枯竭、环境恶化和社会失稳的进程，城镇化将不可持续。

根据有关研究，未来社会财富将向6个方向集中，其中之一是向城市集中。随着城镇化进程的加快，大量农村人口开始向城镇转移，中小城市也会成为财富创造和集中的主要区域。数据显示，至2009年年底，中小城市及其直接影响和辐射的区域，经济总量达16.61万亿元，占全国GDP总量的近半。

1.1.2.2 城市水土流失与生态危害造成的损失极大

城市人口密集，财富集中，寸地寸金。高新产业、高新技术、大专院校和科研院所、各类专业技术人才等大都集中在城市、城镇。城镇化进程产生的内涝、雾霾、环境污染、

生态恶化、热岛效应等灾害，造成的损失比其他地区、城市建成前都要大得多。如北京2012年“7·21”特大暴雨，全市受灾人口达160.2万人，因灾造成经济损失达116.4亿元；广州2010年“5·7”特大暴雨，全市共有100多个地段出现水浸情况，超过3万人受到影响，造成经济损失超过5.4亿元；2023年7月，京津冀地区发生历史罕见特大暴雨，造成北京门头沟区等地出现特大山洪和城市内涝灾害，近129万人受灾，33人死亡，造成重大损失。

1.1.3 城市建设项目与城市水土保持的关系

根据中国科学院、中国工程院、水利部组织完成的《中国水土流失与生态安全综合科学考察报告》，“十五”期间，城镇建设项目数量达24700多个，占全国各类建设项目总量的32.19%，位居数量之首；城镇建设项目占地面积为108.1万hm^2，占各类建设项目总占地面积的19.55%，仅次于农林开发项目和公路项目；5年期间造成的水土流失量约为2.81亿t，占全国水土流失总量的29.7%。可见城市水土保持工作已成为当今和未来水土保持的重要任务。

城市水土保持主要针对人为活动造成的水土流失，部署与采取预防和治理措施。城市涉及的建设项目类型较多：①民用建设项目，如住宅及各类配套工程建设项目，办公、商业金融、文化娱乐、体育、医疗卫生、教育科研、文物古迹等公用建筑项目，占地面积一般为城市建设项目用地的20%～30%；②工业建设项目，包括厂区、生活居住区、交通运输、防洪排涝、弃土场、绿化美化等项目，占地面积一般为城市建设项目用地的15%～25%；③城市交通工程，主要包括道路交通、轨道交通等工程；④城市绿地系统工程，如生活区公共绿地、生产区绿地、防护绿地等工程；⑤市政基础设施工程，如供水、排水、污水处理、雨水蓄排等工程；⑥能源工程，如发电站、供电工程、燃气厂及供气管网、供热厂及供热管网等工程；⑦特殊工程，如人防工程、防洪工程、防灾避险工程等；⑧开发区建设工程，如各类经济开发区、高新技术开发区、科技研发区等工程。

1.1.4 城市水土保持需开展的主要工作

城市水土保持与传统的农村、荒地的水土流失防治相比，不仅在侵蚀机理、侵蚀方式、侵蚀强度、危害程度等方面均有很大不同，而且面对的问题、对策措施等都有特殊性。

1.1.4.1 加快城市水土保持立法，依靠法制建设生态城市，促进生态文明

城镇化进程中的水土保持与生态保护，首先要有法制保障。各地应依据修订后的《中华人民共和国水土保持法》，近年国家颁布的《中华人民共和国黄河保护法》《中华人民共和国长江保护法》《中华人民共和国黑土地保护法》《中华人民共和国青藏高原生态保护法》等法律法规，中共中央办公厅、国务院办公厅印发的《关于加强新时代水土保持工作的意见》，中央生态文明建设系列决策部署，国家生态保护与高质量发展等新的要求，修订或制定地方性水土保持法规，加快城市水土保持立法进程。北京、天津、上海、南京、成都、广州、石家庄、武汉等大城市、平原城市，更应加快立法，二线、三线城市也要根据城市发展的迫切需要，着手城市水土保持立法，并以此作为抓手实现水土保持新突破。

在城市水土保持立法中，应突出研究几个问题：①政府水土保持目标责任，根据城市功能区划分，分别确定地方政府在水土流失预防、治理、监测等方面的目标、任务；②城

市规划协调机制，城市规划、开发区规划、园区规划、旅游规划等应依法落实保持水土和保护生态的对策与措施，提出相应的目标、任务、措施，实行水行政主管部门出具规划意见书制度；③根据城市生态功能定位划分重点防治区，如将生态保留区、饮用水源区、城市及规划区、河网水系区等划分为重点预防保护区，将现有中度以上侵蚀土地、平原风沙等划分为重点治理区，并划定城市生态红线，将城市水土保持功能重要区、生态脆弱区按生态红线实施严格管控；④强化生产建设项目水土保持管理，细化“三同时”（同时设计、同时施工、同时投入生产和使用）的具体规定，凡是动土石方的工程（包括土地一级开发、规模化的农业开发、经济林开发等）均应编报水土保持方案，作为办理土地预审、环境影响、项目立项等工作的必备依据，并在项目实施过程中实行水土保持进度报告制度、汛期度汛方案报告制度、监测数据上报与公示制度，同时在工程完工后落实水土保持验收制度，作为项目竣工和投入运行的必备要件；⑤强化城市建设中的土石方、雨洪管理，根据城市布局特点和环境影响，实行政府划定专门取土（石、料）场、弃渣场制度，防止乱挖滥弃，同时施工场地应采取苫盖、沉沙、拦挡、排水等措施，不得将泥浆排入城市排水管网，并确定雨洪资源利用原则，采取透水铺装、下渗、下凹式绿地、保护河湖水系等设施和措施，拦、蓄、渗、用、排雨洪资源，防止地表径流增加造成雨洪灾害；⑥强化水土流失治理与生态修复，加大城市水源涵养区、饮用水水源地、城郊、江河上游、河网水系的生态保护与治理，建立受益方与保护方的生态补偿制度，落实生产建设项目水土保持补偿制度；⑦强化监测、公报，根据城市功能区定位，连续实施区域水土流失与生态状况动态监测，发布年度公报，生产建设项目监测实行季度、汛后、年度报告与公报制度；⑧强化违规行为的处罚，经济处罚标准应取上限，根据城市特点设置新的罚则，对造成严重水土流失和生态灾害事件的机构、个人追究责任，并建立赔偿制度。

1.1.4.2 落实城市（城镇）发展规划的水土保持制度，长远规划构建生态城市

生态城市首先应该是结构合理的城市，适度的人口密度，合理的土地利用，良好的环境质量，充足的绿地系统，完善的基础设施，有效的自然保护，自然系统与社会、经济系统相协调，构成城市生态系统。城市发展规划应将城市生态功能纳入重要目标，城市发展应与生态保护相协调，城市建设应与安居环境相协调，城市管理应与民生相协调。树立尊重自然、顺应自然、保护自然的理念，保护城市水、土资源，保护和改善城市生态环境。从空间规划上，城市的总体布局、各分区布局都要充分考虑生态需求，要保留足够的生态空间，要有一定比例的绿地涵养雨水，保留和规划一定的河、湖、渠、水系等空间，有一定的库容能调蓄雨洪，维系和增强城市的生态功能，减少城市热岛效应。从城市发展进程规划上，城市建设速度要适度、合理，应循序渐进，不能单一追求速度，应控制开发强度，避免高密度、大强度的地表扰动，建设时序上要充分考虑扰动破坏后生态修复所需时间，使自然环境得到充分的休养生息。

根据《中华人民共和国水土保持法》第十五条的规定和中共中央办公厅、国务院办公厅《关于加强新时代水土保持工作的意见》，城镇建设等规划中应当提出水土流失预防和治理的对策和措施，并在规划报请审批前征求同级水行政主管部门的意见，为城市水土保持提供了重要的法律支持和政策保障，各级水行政主管部门应积极参与城市发展规划的修订，促进城市发展与生态保护的协调，在规划阶段制订保护水土资源、保护生态环境、防

灾减灾的对策和措施。

1.1.4.3 建立和完善城市保持水土、保护生态的技术标准，规范城市设计、施工、建设等行为

在现行国家标准中，《生产建设项目水土保持技术标准》（GB 50433—2018）提出了城市建设项目的规定和要求：应采用下凹式绿地和透水材料铺装涵养降水，增加降水入渗；应综合利用地表径流，设置蓄水池等雨洪利用和调蓄设施；临时堆土（料）应采取拦挡、苫盖、排水、沉沙等措施；取土（石、砂）、弃土（石、渣）处置应与其他建设项目统筹考虑。《建筑与小区雨水利用工程技术规范》（GB 50400—2006）对建筑与小区的雨水收集、入渗、储存与回用、调蓄排放等进行了规定。北京市在国标的基础上，规定了城市房地产建设项目土石方综合利用率、表土剥离利用率、临时占地与永久占地比、施工降水利用率、硬化地面控制率、雨洪利用率等量化控制指标。北京经济技术开发区又进一步提出了施工期土地临时覆盖率、透水铺装率、外排水含沙量、下凹式绿地率、植物配置品种量、乔灌覆盖率等指标。《国务院办公厅关于做好城市排水防涝设施建设工作的通知》（国办发〔2013〕23 号文件）中明确要求，新建城区硬化地面中，可渗透地面面积比例不宜低于 40%。北京市《新建建设工程雨水控制与利用技术要点（暂行）》中规定，以建设工程硬化后不增加建设区域内雨水径流量和外排水总量为标准，新建建设工程应配建雨水调蓄设施，具体配建标准为：每万平方米硬化面积配建不小于 500 立方米的雨水调蓄设施；凡涉及绿地率指标要求的建设工程，绿地中至少应有 50%作为用于滞留雨水的下凹式绿地。公共停车场、人行道、步行街、自行车道和建设工程的外部庭院的透水铺装率不小于 70%。这些指标对预防、减轻城市化过程中的灾害具有重要意义和作用。

城市执法机关和有关行业主管部门应加强监管，在项目立项行政审批、施工监管、竣工验收中严格执行国家标准，全面提升城市建设水平。

1.1.4.4 加强城市建设项目水土保持方案编报审批与实施管理，有效控制水土流失与生态环境影响

城市内涝与建设项目密集布局、大量硬化地面、施工场地泥浆乱流有直接关系，城市雾霾（PM2.5）与施工工地未落实水土流失防治措施直接相关。为此，应加强对建设项目的全面、系统管理：①严格落实水土保持方案报批制度，制订事先预防、保护的预案；②加强施工过程中监管，全面实施监测监控；③对违规施工、超标排放（泥浆、扬尘）的采取强制停工措施；④适时公告建设项目造成水土流失和生态影响的监测数据和情况，鼓励全社会进行监督；⑤严格进行水土保持验收，不合格者不得投入运行。

1.1.4.5 加强城市水土保持与生态保护的宣传教育，全社会、全民共同参与城市水土保持

城镇化关系到国家发展，涉及千家万户，关乎生命财产安全，要广泛开展全社会、全民的宣传教育，城市水土保持宣传重点要做到“五进”，即进社区、进学校、进机关、进工地、进园区。将水土保持课程纳入各级党校、干部学院的必修内容，从领导干部开始接受保护水土资源和生态环境的教育，树立责任意识。全社会普及城市水土保持知识，树立保护自然生态的自觉意识，使各级领导、有关行业主管部门、规划设计机构、广大民众充分认识到城市水土保持的重要性和紧迫性，转变城市建设观念，提高全社会的思想意识，为预防和减轻城镇化过程中的灾害创造良好的社会基础。对损害城市生态环境的活动和行为，开展舆论监督、公众监督，形成全社会关注生态城市建设、参与生态城市建设的氛围。

1.2 城市水土保持的作用与地位

1.2.1 城市水土保持是生态文明建设的重要工作

十八大提出了将生态文明融入经济建设、政治建设、文化建设、社会建设各方面和全过程的“五位一体”总体布局；明确要求必须树立尊重自然、顺应自然、保护自然的生态文明理念，坚持节约资源和保护环境的基本国策，坚持节约优先、保护优先、自然恢复为主的方针；必须以科学发展为主题，以加快转变经济发展方式为主线，提出了着力推进绿色发展、循环发展、低碳发展的发展思想和发展模式。2015年发布的《中共中央、国务院关于加快推进生态文明建设的意见》进一步指出，生态文明建设是中国特色社会主义事业的重要内容，关系人民福祉，关乎民族未来，事关“两个一百年”奋斗目标和中华民族伟大复兴中国梦的实现。近十多年来，中国全方位、全地域、全过程加强生态环境保护，生态文明制度体系更加健全，污染防治攻坚向纵深推进，绿色、循环、低碳发展迈出坚实步伐，生态环境保护发生历史性、转折性、全局性变化，祖国天更蓝、山更绿、水更清。2022年，党的二十大明确提出到2035年基本实现社会主义现代化，广泛形成绿色生产生活方式，碳排放达峰后稳中有降，生态环境根本好转，基本实现美丽中国目标；基本实现新型工业化、信息化、城镇化、农业现代化的目标；未来5年城乡人居环境明显改善，美丽中国建设成效显著。中央对生态文明的要求，为开拓城市水土保持工作新局面提供了强大动力。

1.2.2 城市水土保持是落实依法治国的重要内容

生态文明法制建设为城市水土保持提供了强大的保障力。十八届三中全会明确指出建设生态文明必须建立系统完整的生态文明制度体系，实行最严格的源头保护制度、损害赔偿制度、责任追究制度，完善环境治理和生态修复制度，用制度保护生态环境。十八届四中全会审议通过了《中共中央关于全面推进依法治国若干重大问题的决定》，明确用严格的法律制度保护生态环境，加快建立有效约束开发行为和促进绿色发展、循环发展、低碳发展的生态文明法律制度，强化生产者环境保护的法律责任，大幅度提高违法成本。建立健全自然资源产权法律制度，完善国土空间开发保护方面的法律制度，制定完善生态补偿和土壤、水、大气污染防治及海洋生态环境保护等法律法规，促进生态文明建设。《中共中央、国务院关于加快推进生态文明建设的意见》确立的生态文明建设目标之一是生态文明重大制度基本确立，基本形成源头预防、过程控制、损害赔偿、责任追究的生态文明制度体系，自然资源资产产权和用途管制、生态保护红线、生态保护补偿、生态环境保护管理体制等关键制度建设取得决定性成果。生态文明建设已经成为依法治国的重要内容，为开展城市水土保持提供了法制保障。2022年，党的二十大明确提出了到2035年基本建成法治国家、法治政府、法治社会，基本实现国家治理体系和治理能力现代化的目标，明确要求必须更好发挥法治固根本、稳预期、利长远的保障作用，在法治轨道上全面建设社会主义现代化国家。

《中华人民共和国水土保持法》明确规定了水土保持的目标和任务，保护和合理利用水、土资源，预防和治理水土流失，保护和改善生态环境，保障经济社会的可持续发展。中央对城镇化进程中的资源、环境要求就是全面推进城市水土保持的重要依据。修订后的《中华人民共和国水土保持法》和各地的水土保持新条例、新实施办法，对各级水行政主管部门的水土保持职责做了全面规定。如水土保持宣传教育、划分重点防治区、生产建设项目水土保持审批和验收、监督检查、监测与公告、行政处罚等职责，从管理区域、管理对象、管理措施等多方面为全面开展城市水土保持提供了法律武器。

1.2.3 城市水土保持是建设美丽中国的重要支撑

2012年，党的十八大报告提出“努力建设美丽中国，实现中华民族永续发展”，首次将美丽中国作为执政理念和执政目标。2017年，党的十九大将“美丽”写入现代化强国建设战略目标，部署了美丽中国建设两个阶段的战略安排：到2035年，生态环境根本好转，美丽中国目标基本实现；到本世纪中叶，把中国建成富强民主文明和谐美丽的社会主义现代化强国。2020年，国家发展改革委会同生态环境部等7个部门共同印发了《美丽中国建设评估指标体系及实施方案》，设置了包括空气清新、水体洁净、土壤安全、生态良好、人居整洁5类22项具体指标，其中在生态良好类中明确将“水土保持率”列为评价指标。

2023年7月，习近平总书记在全国生态环境保护大会上指出，今后5年是美丽中国建设的重要时期，要深入贯彻新时代中国特色社会主义生态文明思想，坚持以人民为中心，牢固树立和践行“绿水青山就是金山银山”的理念，把建设美丽中国摆在强国建设、民族复兴的突出位置，推动城乡人居环境明显改善、美丽中国建设取得显著成效，以高品质生态环境支撑高质量发展；强调要加快推动发展方式向绿色低碳方向转型，优化国土空间开发格局；守牢国土空间开发保护底线，统筹优化农业、生态、城镇等各类空间布局，健全主体功能区制度；坚守生态保护红线，强化执法监管和保护修复，确保功能不降低、性质不改变；坚决守住18亿亩耕地红线；严格管控城镇开发边界，推动城镇空间内涵式集约化绿色发展；京津冀等区域要根据高质量发展要求和自身特色，加强区域绿色发展协作，建设美丽中国先行区；坚持人民城市人民建、人民城市为人民，以绿色低碳、环境优美、生态宜居、安全健康、智慧高效为导向，建设新时代美丽城市。2024年1月，《中共中央、国务院关于全面推进美丽中国建设的意见》发布，对此作出了全面部署。

1.2.4 城市水土保持是实现人与自然和谐共生的现代化的重要保障

面对资源环境约束趋紧、环境污染等问题突出，生态环境保护任务依然艰巨的现状，党的二十大提出了建设人与自然和谐共生的现代化新目标。坚持可持续发展，坚持节约优先、保护优先、自然恢复为主的方针，像保护眼睛一样保护自然和生态环境，坚定不移走生产发展、生活富裕、生态良好的文明发展道路，实现中华民族永续发展。尊重自然、顺应自然、保护自然，是全面建设社会主义现代化国家的内在要求。必须牢固树立和践行“绿水青山就是金山银山”的理念，站在人与自然和谐共生的高度谋划发展。推进美丽中国建设，坚持山水林田湖草沙一体化保护和系统治理，统筹产业结构调整、污染治理、生态保护、应对气候变化，协同推进降碳、减污、扩绿、增长，推进生态优先、节约集约、绿色低碳发展。统筹水资源、水环境、水生态治理，推动重要江河湖库生态保护治理，提升生态系统多样性、稳定性、持续性。以国家重点生态功能区、生态保护红线、自然保护地等为重点，加快实施重要生态系统保护和修复重大工程。

1.2.5 城市水土保持是落实中央新型城镇化要求的重要举措

2013年，中央召开了城镇化工作会议，在提高城镇化发展质量方面，中央要求高度重视生态安全，扩大森林、湖泊、湿地等绿色生态空间比重，增强水源涵养能力和环境容量；不断改善环境质量，减少主要污染物排放总量，控制开发强度，增强抵御和减缓自然灾害的能力。在推进以人为核心的城镇化方面，中央要求坚持生态文明，着力推进绿色发展、循环发展、低碳发展，尽可能减少对自然的干扰和损害，节约集约利用土地、水、能源等资源；在推进城镇化的主要任务方面，中央提出了促进生产空间集约高效、生活空间宜居适度、生态空间山清水秀的总体要求，形成生产、生活、生态空间的合理结构，划定生态红线；在提高城市建设水平方面，中央提出要体现尊重自然、顺应自然、天人合一的理念，依托现有山水脉络等独特风光，让城市融入大自然，让居民望得见山、看得见水、记得住乡愁；在促进城乡一体化发展中，要注意保留村庄原始风貌，慎砍树、不填湖、少拆房，尽可能在原有村庄形态上改善居民生活条件。2022年，党的二十大就全面推进高质量发展提出了新型城镇化战略，推进以人为核心的新型城镇化，加快农业转移人口市民化；以城市群、都市圈为依托构建大中小城市协调发展格局，推进以县城为重要载体的城镇化建设；坚持人民城市人民建、人民城市为人民，提高城市规划、建设、治理水平，加快转变超大特大城市发展方式，实施城市更新行动，加强城市基础设施建设，打造宜居、韧性、智慧城市。

2013年召开的“中国城市化进程与生态文明建设”研讨会指出，社会、经济与自然协调发展的生态城市是中国城市未来的发展方向。孙家驹指出，城市化须走生态模式之路，杨伟民指出把生态文明的理念全面融入城市化全过程，要尽可能减少对自然生态系统的干扰、损害、破坏。水土保持是生态文明建设的重要组成部分，在中国城镇化进程中应积极探索新形势下的水土保持战略对策和措施。

中央高度重视城镇化的生态保护，为开拓和发展城市水土保持工作新局面提供了重要依据。中央要求努力改善城市生态环境质量，在具体工作中，要科学规划实施，加强相关法规、标准和制度建设。

1.2.6 城市水土保持是社会和公众对美好生活愿景的重要需求

生态环境是人类生存、生产与生活的基本条件。不断满足人民对美好生活的新需求是全党的奋斗目标，党的二十大明确要求增进民生福祉，提高人民生活品质，不断实现人民对美好生活的向往。日益严重和扩展的城市内涝、雾霾、环境污染、热岛效应等直接影响到每一个城市居民的日常生活、身体健康和财产安全，与民众的衣食住行密切相关，城市居民对生活环境质量的要求也愈来愈高，行使他们知情权、参与权、监督权的愿望也愈来愈迫切。社会各界、公共媒体、广大民众愈来愈关注城市水土保持和生态保护，期望有关部门及时发布相关信息，愿意主动对违法违规活动和行为进行投诉、举报，投身到宣传、检查、监督活动中，这些都为全面推进城市水土保持创造了良好的社会民众基础。当每个人都知道做好城市水土保持对防治城市内涝、减轻雾霾等有积极、有效的作用时，开展城市水土保持一定会得到各级领导、各部门、广大民众的大力支持。

1.3 北京城市水土保持的历史

1.3.1 紫禁城的雨水系统

紫禁城的占地面积超过 $70hm^2$，建造之初就对排水系统进行了精准测量、精密设计和精细施工，充分利用场地坡度，形成以明渠、河道为主的排水体系。排水系统等级分明，有干沟、支沟，有明沟、暗沟，有涵洞、流水沟眼等众多排水设施，连通各个宫殿院落。

北京地势是西北高、东南低。紫禁城处于北京城中心位置，地面顺应北京的地势，地面坡度呈北高南低、中间高两边低，而且略有坡度。其中紫禁城北门神武门地平标高为 46.05m，南门午门地平标高为 44.28m，竖向地平高差约为 2m，这一坡降为自然排水创造了有利条件，使积水能缓慢排泄。

内金水河自西北向东南，流经大半个紫禁城，在紫禁城东南角流出，汇入 52m 宽的护城河，护城河又与外金水河、中南海等水系相通，这些水系都是排水功能和蓄水功能兼备。为了保证有良好的水环境，以前的紫禁城内没有厕所。

大殿的排水、明渠的起点分别如图 1.1 和图 1.2 所示，明渠变暗渠的地方、明渠进入内金水河的地方分别如图 1.3 和图 1.4 所示，内金水河及其与筒子河交接处的闸门分别如图 1.5 和图 1.6 所示。

图 1.1 大殿的排水

图 1.2 明渠的起点

图 1.3 明渠变暗渠的地方

图 1.4 明渠进入内金水河的地方

图 1.5　内金水河

图 1.6　内金水河与筒子河交接处的闸门

1.3.2　景山公园的水土保持与景观的演变

景山公园位于北京市西城区，西临北海，南与故宫神武门隔街相望，是元、明、清三代的御苑。公园坐落在明清北京城的中轴线上，公园中心的景山曾是全城的制高点。在元、明、清三代，景山及其附属建筑不仅是一座供游赏的皇家园林，还具有习射、停灵、祭祖、官学、躬耕、戏曲、宗教等多重功能。目前公园占地 $23hm^2$，园内松柏葱郁，游人如织，是北京皇城内独具特色的所在。景山是元、明、清三代的皇宫后苑，元代称“青山”，明代称“万岁山”或“煤山”，清代定名“景山”。

早期，景山同北海等处均为永定河故道，景山所处的河道地势较高，在永定河改道后逐渐成为土丘。辽代营建瑶屿行宫（今北海公园琼华岛）时，将余土堆积此处。金代大定十九年，金章宗在该地南侧建太宁宫，凿西华潭（今北海），在此地堆成小丘，建成皇家苑囿，称“北苑”。其山下环绕两重围墙，山上建瑶广楼，成为金中都十二景之一。

元世祖忽必烈于至元四年（1267 年）营建大都，土丘一带正处大都的城中心，皇宫的核心建筑延春阁以北，故被辟为专供皇帝游赏的“后苑”。苑内有地 8 万 m^2。金代小丘称作“青山”。

明朝洪武初年，拆毁元故宫，拆除的建筑垃圾堆放于此。永乐年间，明成祖朱棣在北京大规模营建城池、宫殿和园林。依据“苍龙、白虎、朱雀、玄武，天之四灵，以正四方”之说，紫禁城之北乃是玄武之位，当有山。故将挖掘紫禁城筒子河和太液池等的泥土堆积在青山，形成五座山峰，称“万岁山”。明初，朝廷在景山堆煤，以防元朝残部围困北京引起燃料短缺。因此该山又称“煤山”。清顺治十二年（1655 年）将“万岁山”改称“景山”。

从景山的发展过程看，景山利用了城市建设中产生的建筑垃圾、修建河道产生的土方，将建筑、景观和解决城市建设过程中的问题完美地结合在一起。

景山公园远景如图 1.7 所示。

1.3.3　天坛斋宫的排水系统

斋宫位于天坛西南方位，斋戒是皇帝行祭天大典之前的仪程。1420 年，明成祖朱棣仿南京斋宫旧制建斋宫。“斋宫在圜丘之西，前正殿，后寝殿，傍有浴室。四围墙垣，以深池环之”。1742 年，乾隆降旨改建。西侧内御河被填平，其上建寝宫。

图 1.7 景山公园远景

斋宫坐西朝东，平面为方形，占地面积为 40000m^2 左右。宫墙两层，外层叫砖城，周长为 66.07m；内层宫墙叫紫墙，周长为 41.33m。紫墙四周有回廊环绕，是卫兵遮蔽风雨霜雪所用。正殿为五间无梁殿。

斋宫有内御河和御河，起到防卫作用。内御河和御河是城壕，没有与河道连接，平日无水。降雨时，斋宫和周边的雨水汇入城壕，完全依靠下渗实现排水。

御河平日及下雨时的情况如图 1.8 所示，斋宫外暗沟的雨水流入御河和斋宫内的雨水汇入内御河的情况如图 1.9 所示，斋宫大殿台基及斋宫内排水口如图 1.10 所示。

（a）平日

（b）下雨时

图 1.8 御河平日及下雨时的情况

（a）斋宫外

（b）斋宫内

图 1.9 斋宫外暗沟的雨水流入御河和斋宫内的雨水汇入内御河的情况

（a）台基

（b）排水口

图 1.10 斋宫大殿台基及斋宫内排水口

第2章　城市水土保持的理论基础

2.1　城市水土流失

城市是一个国家或地区政治、经济、文化的中心，它的安危直接关系到国家经济的兴衰和社会的安定。随着中国城市化进程的加快，城市开发建设带来的水土流失问题日益严重，城市生态环境受到了严重影响。城市化进程中，必然要进行大规模的开发建设，如房地产、公路、铁路、机场、港口、供水、排水、供电、通信等其他基础设施建设，开采砂石和工业区建设等，必然要损坏原有地形地貌，扰动地表植被或破坏水土保持设施，有的还要改变原有水系，排放大量的废土弃渣，致使植被覆盖率下降、生态环境恶化，产生人为水土流失。由于城市人口和建筑设施密集，财产相对集中，加之开发建设规模大、机械化施工，一旦产生水土流失，不仅会使城市的生态环境和投资环境恶化，也会因大量泥沙淤塞排水管道和行洪河道，降低城市排水能力，严重时威胁城市行洪安全，给国家和人民生命财产造成损失。忽视城市水土流失的后果远比农村严重得多，危害也大得多，可见城市水土流失已成为当前城市规划、建设和管理中不可忽视的环境问题。

2.1.1　城市水土流失的基本概念

城市水土流失与传统水土流失有很大差别。传统的水土流失是指在水力、重力、风力及冻融等外营力作用下引起的水土资源和土地生产力的损失和破坏。其发生的范围往往比较大，以一个地区或一个大的流域为单元，如我国的黄土高原地区、西北荒漠地区以及东北的冻融侵蚀区。传统的水土流失发生的地点往往是经济不发达或欠发达的广大农村或荒漠地区。城市水土流失主要指城市化过程中人为活动造成的土壤、沙石流失的现象，同时包括城市范围内的自然水土流失。狭义上的城市水土流失指城市规划建设区、开发区、郊区以及城市之间和城市内的交通道路等产生的水土流失现象。广义上的城市水土流失治理往往包括传统行政区域界定的城市边界以内的范围。造成水土流失既有自然因素，又涉及许多人为活动的影响，但城市水土流失大部分是人为造成的。

关于城市水土流失的概念可以追溯到1995年，当年8月8—10日，由水利部主持，在深圳市召开了部分沿海城市水土保持工作座谈会，首次提出了城市水土流失的问题，但此次会议对城市水土流失的概念未作出界定。1996年10月28—31日，在深圳市又举行了中国南方水土保持研究会1996年年会（第十届），会上提出，城市水土流失是广义的概念，它不仅包括城市化过程中由城市土地开发造成的水土流失，而且包括乡镇土地开发及基础设施建设或工矿区开发扰动（或破坏）原地表造成的水土流失。水土保持学专家唐克丽认为，城市水土流失是城市化建设过程中人为活动引发的新的水土流失。这里的“引发”包含形成、诱发、激发等多种含义。这里的“人为活动”是指建设用地开发、采石、筑路、架桥、引水和排水设施建设及城市垃圾处理等基本建设过程中，因不注意水土保持引发的水土流失、滑坡、泥石流及洪涝灾害等。

综合前人的研究成果，可以认为：城市水土流失是在城市这一特定区域，在城市开发建设过程中因人为活动扰动地表和地下岩土层，破坏原始下垫面结构或堆置废弃物、构筑人工边坡而造成的水土资源的破坏和流失，是一种特殊的水土流失类型。

2.1.2 城市水土流失的成因与特点

2.1.2.1 城市水土流失的成因

城市水土流失主要是人为因素与自然因素综合作用的结果，生产建设项目水土流失与背景水土流失要素叠加交织，人为扰动起主导作用。土地的超强度开发、水土保持方案管理机制的不健全和缺乏生态环境保护意识导致城市水土流失人为因素的形成。

经研究者们的归纳总结，除自然流失外，城市水土流失的成因还包括以下几个：

(1) 基本建设活动破坏原地貌引起的侵蚀。在城市基础设施和工矿企业建设中，挖高填低，弃土弃渣，扰动地表，常常形成人工堆积坡和人工切割坡，造成不同程度的水土流失。裸露地表加大泥沙源头供给，强降雨后泥沙随场地径流被冲入市政排水管网，降低市政排水管网排水能力。

(2) 城市化过程使不透水面增加，加速水土流失。水土流失的程度与暴雨径流和洪峰流量密切相关。城市化的发展使水循环的下垫面发生变化。城市化的特征之一是楼房、道路、广场等大量人工建筑使透水地面减少，不透水地面增加，截断了雨水通过地表下渗的途径。屋面、混凝土和沥青路面等不透水表面的径流系数一般取0.9，也就是说其降雨量的90%将形成径流，这将导致城市总径流系数增大，径流洪峰流量增加，峰形尖瘦，洪峰历时时间缩短。如当开发的土地变为城市用地时，该区域就由天然状态转变为人为状态，一些水塘、河流等天然水体就被改造或填平，致使暴雨径流在地面的滞留时间缩短，洪峰流量集中；原来的农田、草地也被城市建筑物、工厂、水泥及沥青路等不透水面所取代，地面阻力明显减小，使暴雨径流产生的能量集中，从而加速水土流失的形成，造成水土流失量的增加。

(3) 生产建设项目中乱堆、乱排废弃物引起水土流失。随着旧城区的改造、新城区的不断开发和相应的市政建设及公路桥梁建设等，产生大量的弃土弃渣，如不采取适当的水土保持措施，就会造成严重的水土流失和污染。

(4) 城市垃圾的乱堆、乱放引起水土流失。城市生活垃圾的乱堆、乱放不仅污染了城市的生态环境，还占据了城市有限的土地面积，使土地失去了应有的植被保护，增加裸露地表，减少生态绿化空间，加速水土流失。同时这些垃圾中含有各类有毒物质，乱倒垃圾，严重污染地面和地下水质，不仅对土壤和农作物造成损害，若不进行特殊处理还会给人体健康带来危害。城市生活垃圾的乱堆、乱放极大地影响着城市环境和水土流失的治理。

(5) 地面下沉塌陷引起的侵蚀。城市人口集中，用水集中，为了解决工矿和市民用水，大量抽取地下水，使地下水水位下降，地下水水力坡度加大，流速加快，造成地下水的侵蚀冲刷能力增强，从而引发地面下沉塌陷，继而造成水土流失。

2.1.2.2 城市水土流失的特点

（1）人为性。城市建设过程中，大规模的房地产开发、修路及其他各项设施建设等人为性的生产建设必然要损坏大面积的地貌植被，生产建设项目造成的水土流失问题主要是由项目建设工程中的开挖回填以及堆弃土方造成的，建设过程中形成的裸露地表、挖方边坡、松散堆积物斜坡面、弃土（渣）平台及边坡水土流失最为严重。

（2）流失强度大。由于开发建设使原有自然植被遭到严重破坏，开发建设时期的土壤侵蚀强度也相对较大。因此水土流失强度大是城市水土流失的一个主要特点。

（3）复杂性。城市水土流失及危害，一方面表现为既有自然因素，又有人为因素，且以人为因素为主；另一方面，就城市的组成来说，表现为既有郊区农地土壤侵蚀，又有城乡结合部的混合侵蚀，也就是说城乡有不同的侵蚀方式。除了包括一般的水力侵蚀、重力侵蚀和风力侵蚀等外，还包括较大的土壤淤积、水资源流失和地表地下水污染等。水力侵蚀多发生在无硬化和绿化的街道、路边、广场、宅院及周边的平坦地区；重力侵蚀多发生在街、巷、河、渠两旁的弃土弃渣堆放点及开矿、建材对地貌破坏严重地区；风力侵蚀是对城市影响最大的一种灾害，除发生在水力侵蚀地域外，最大的影响是城外风尘。

（4）明显的地域性。城市水土流失形式具有明显的地域性，随着气候条件的不同，水土流失的主要形式有显著差异，南方城市由于雨量大，水土流失以水力侵蚀为主，西北城市则以风力侵蚀为主，工矿城市以重力侵蚀为多。由于人为因素的影响，各种类型的侵蚀都有可能同时发生，应该引起高度重视。

（5）突发性。城市人口密集，经济发达，水土流失产生的大量泥沙淤塞河道和城市的排水系统，可能致使城市市政设施和工矿设备受淹或遭破坏，或造成突然停水停电，影响到城市的生产、生活，甚至危及市民的生命财产安全。

2.1.3 城市水土流失的危害

总体来讲，城市水土流失的危害主要表现为：土地超强度开发，大规模地占用和平整土地、采矿取石、取土修路，导致原有景观、水系破坏以及水土资源的流失和浪费；基本建设活动中扰动地表、损坏植被、破坏土壤环境，致使其水土保持生态功能大大降低；城市化过程致使地表硬化不透水面积增加、降雨不能就地及时入渗，导致地下水资源不能得到有效的补充，同时产生大量的地表径流，增加城市排水压力，严重地破坏了城市生态环境；大规模地表扰动、土方挖填、倒运、堆弃，形成新的水土流失，泥土被径流夹带流入市政雨水管网并沉积，大大降低城市雨水管网利用率，造成排水管道堵塞，影响城市排水防洪能力，甚至造成城市经济重大损失，严重阻碍和制约城市建设与发展；地表扰动、土方挖填、倒运以及弃土弃渣的不合理处置，为沙尘天气提供沙尘来源。城市水土流失不仅会对城市的生态环境和景观造成影响，还会加重城市环境污染，直接导致市民的生活环境恶化，直接或间接威胁市民的身心健康，降低市民的生活质量。

2.1.3.1 硬化面积增加，热岛效应加剧，恶化城市生态环境

一些地方城市，建筑物“高楼林立”，道路“纵横交错”，房地产“雨后春笋”，城市没有了呼吸，没有了调节，地面热辐射增加，城市地表温度、气温均提高，热岛效应更加突出。据观测，上海市 20 世纪 80 年代城市化效应使市区年均气温平均升高 0.4℃，90 年

代平均升高 1.1℃。北京市区比郊区温度高 9.6℃，上海市区与郊区的最大温差达 6.8℃。城市愈来愈热、愈来愈干燥，迫使城市生产、生活高度依赖空调进行调节，又加大了温室气体排放，陷入恶性循环。受热岛效应影响，城市降雨量增加，特别是暴雨增加，又进一步加剧了城市内涝。

2.1.3.2 城镇周边乱挖滥弃，破坏环境，污染加重

城镇化过程中需要大量的土石方，由于没有对土石方进行统一规划，管理不到位，城市周边到处取土、挖沙、采石，破坏了山体植被，造成严重的水土流失。例如北京市，由于偷采，城市周边遗留了许多砂土坑。一些地方的工程弃土弃渣、拆迁建筑垃圾偷排偷弃，破坏了环境，也留下许多滑坡、泥石流隐患。城市扩张过快，而污水、垃圾处理等配套设施滞后，部分有害废弃物堆置于城市周边，造成空气、水大量污染。城市工矿区的大气污染在环境中的迁移转化和由此造成的广泛影响已超过大气环境介质本身，具体表现在硫化物、氮氧化物等主要酸性物质形成酸雨而降落地面，破坏土壤和生态环境，造成林木和农作物死亡。另外，水土流失造成大量的表层土体进入水体，不仅使土壤中的养分流失掉，而且把土壤中的化肥、农药等污染物带入水体，使水体受到面源污染，水质恶化，而面源污染的治理比点源治理更难。

2.1.3.3 地表径流增大，泥沙淤塞排水系统，增加城市内涝风险

城市中水土的大量流失，最明显的危害就是造成城市排水管渠的堵塞和江河湖库的淤积，使排水管渠过水能力下降，江河湖库调峰抗洪能力减弱，在暴雨季节，经常出现洪水漫流出槽、城市被淹的现象。

当前许多城市的地面硬化率都在 70%以上，生态用地急剧减少，致使地表径流系统增加 3～4 倍。地表失去了入渗、缓洪能力，雨洪形成快，洪峰加大，洪水总量也增大。根据观测试验，城市硬化后原地表的径流系数将从 0.2～0.3 增加到 0.8～0.9。例如 1 万 m^2 的硬化面积，当遇到一次降雨 50mm 的暴雨时，就会增加径流总量 300 万 m^3 左右，急剧增加的雨洪极大地增加了城市排水压力，往往会形成内涝灾害。同时，在城市化发展、扩张过程中，各类建设项目密集分布，数量众多，工程建设过程中土方开挖、堆置、填筑、运移活动频繁，许多工地都是裸露施工，遇降雨时泥浆滥流，淤塞排水系统，加重内涝灾害。据对济南市 2012 年 8 月 7 日的强降雨进行的调查，全市 70%～80%的排水管道有不同程度的淤积，有的管道被淤泥堵塞了 50%，雨洪得不到及时排放，形成了严重内涝，对人民生命财产造成重大损失。另据武汉市的调查，2011 年 6 月武汉连降暴雨，开工在建的工地有 5000 多处，许多泥浆、渣土被倾倒入排水管网，原已陈旧的地下排水管网更加受阻，形成严重内涝。据建设部 2010 年对国内 351 个城市的排涝能力进行的调研，仅 2008—2010 年 3 年间，就有 62%的城市发生过不同程度的内涝。不仅北京、天津、上海、广州、杭州、武汉、南京、成都等大城市，甚至一些中小城市也频繁出现内涝灾害。“逢大雨必内涝，逢内涝必成灾”愈来愈成为城市的魔咒、百姓的恐惧，城镇化过程中的内涝灾害问题已成为经济社会发展中的重大问题。

城市及其规划区原有许多水塘、蓄（排）水沟、排洪排涝渠、洼地、湖泊等，在城市化过程中受商业利益驱动，这些设施被大量占用、填埋、毁损，致使城市失去了自然蓄水、调节、滞洪、分流的能力。据武汉市的调查，汉口后湖水系原有水面超过 $20km^2$，可调蓄雨水7000万 m^3 以上，由于围湖造田等建设，目前湖水面积减少到原来的10%，调蓄能力不到1000万 m^3。随着地表被大面积硬化、河湖被大量占用，城市涵养雨水的能力愈来愈小，雨洪大量外排，地下水得不到补给，使原本就极为缺水的城市更加缺水，缺水城市也愈来愈多，有的还引发地面沉降等灾害。据调查，我国669座城市中缺水城市有400多座，严重缺水城市有110座。同时，随着城市河湖水量的减少，河湖的纳污、自净能力下降，加剧了水体污染。城市地面被大量花岗岩、大理石、地面砖、水泥、混凝土和柏油等不透水材料覆盖，地表没有了土壤，没有了林草植被，失去了与外界物质交换的通道，生态系统走向崩溃。

2.1.3.4 城市盲目扩张，大挖大填，诱发滑坡、泥石流灾害

城镇建设一味扩张城市，许多城镇进入山区，开挖斜坡，致使坡体下部失去支撑面而引发滑坡；有的在斜坡大兴土木、建厂盖房，加大了荷载，山体失去平衡而产生滑坡。如甘肃省武都区、云南省昭通市，许多城镇看起来都很漂亮，但多直接坐落在滑坡体上，遇到强降雨往往会产生滑坡灾害。2011年3月，甘肃东乡族自治县县城因切坡工程导致大面积塌陷滑坡，县城近2/3建成区严重受损，直接经济损失达4亿多元。灾害治理及灾后恢复重建工程总投资高达14亿元。一些平原地区城市采取"摊大饼"的模式，城镇只能往山坡上走，导致了比较普遍的切坡；往城镇外围的深沟里走，就会挤占原来山洪泥石流的排泄通道，泥石流一旦发生，就会造成房毁人亡。2010年8月8日，甘肃舟曲县一场特大山洪泥石流，县城北面2条沟道的泥石流下泄，由北向南冲向县城，摧毁房屋，吞噬了1700多人的生命。

2.1.3.5 影响人民生活，危害身心健康

城市区域特别是工矿集中的城市，大气和水质都会受到污染，直接或间接地威胁着人民的身心健康。活在飘尘浓度高的环境中，饮用污染超标水，呼吸系统、消化系统发病率高，特别是慢性阻塞性呼吸与消化道疾病的发病率显著增高，并且可促进这些疾病的病情恶化甚至致人提前死亡。

在城市化过程中，各类建设项目密集，土方施工裸露，到处有扬尘，恶化了空气。据中国社会科学院、中国气象局《气候变化绿皮书：应对气候变化报告（2013）》，中国雾霾天气总体呈增加趋势，其中，雾日数明显减少，霾日数明显增加，且持续性霾过程增加显著。绿皮书称，中国雾霾天气增多最主要的原因是社会石化能源消费增多，造成大气污染物排放逐渐增加。污染的主要来源就包括地面灰尘。中国科学院大气物理所研究员王跃思认为，风沙扬尘和雾霾天有关系，扬尘分为土壤风沙尘、道路扬尘、施工扬尘、堆场扬尘4类，各地总悬浮微粒的源解析均显示，扬尘是推升PM2.5的原因之一。北京在10%以下，天津、石家庄占15%～20%，成渝、关东地区占20%～30%，乌鲁木齐的比例更高。另有数据表明，昆明等二线城市扬尘甚至占到一半。另据北京大学环境科学与工程学院教授郑玫研究，根据对北京PM2.5进行的源解析结果，风沙扬尘占PM2.5的20%。

2.1.4 城市水土流失的形式及其影响因素

水蚀和风蚀是北京城市水土流失主要的水土流失形式，其主要形成过程及影响因素如下：

2.1.4.1 水蚀

1. 水蚀及其形成过程

水力侵蚀简称为水蚀，指在降水雨滴击溅、地表径流冲刷和下渗水分作用下，土壤、土壤母质及其他地表组成物质被破坏、剥蚀、搬运和沉积的全部过程，从而造成溅蚀、面蚀、沟蚀等，冲毁城市房屋，阻塞河流，嵌填水库，形成不同程度的灾害。

(1) 溅蚀的形成。在雨滴击溅作用下土壤结构破坏和土壤颗粒产生位移的现象称为雨滴击溅侵蚀，简称溅蚀。当雨滴落到裸露的城市地表时，其具有一定的质量和速度，必然对地表产生冲击，使土体颗粒破碎、分散、飞溅，引起土体结构的破坏。溅蚀可分为 4 个阶段，即干土溅散阶段、湿土溅散阶段、泥浆溅散阶段、地表板结阶段。雨滴击溅发生在平地上时，由于土体结构受到破坏，降雨后土地会产生板结，使土壤的保水保肥能力降低。溅蚀发生在斜坡上时，泥浆顺坡流动，带走表层土壤，使土壤颗粒不断向坡面下方位移。由于降雨是全球性的，溅蚀可以发生在全球范围内的任何裸露地表。

(2) 面蚀、沟蚀的形成。地表径流是由地面积水进一步发展而形成的，它的形成可概括为 3 个阶段：蓄渗阶段、坡面漫流阶段和沟槽集流阶段。坡面水流形成初期，水层很薄，由于地形起伏的影响往往处于分散状态，没有固定的流路，多呈层流，速度较慢。在缓坡地上，薄层水流的速度通常不会超过 0.5m/s，最大为 1～2m/s。因此，其能量不大，冲刷力微弱，只能较均匀地带走土壤表层中细小的呈悬浮状态的物质和一些松散物质，即形成层状侵蚀。但随着降雨的继续进行，植物截留和填洼都已饱和，降雨强度大于下渗强度，地表便开始出现沿天然坡度流动的细小水流，即漫流。随着径流汇集的面积不断增大，同时又继续接纳沿途降雨，流量和流速不断增大，到一定距离后坡面水流的冲刷能力便大大增加，产生强烈的坡面冲刷，引起地面凹陷。随之径流相对集中，侵蚀力相对变强，在地表上会逐渐形成细小而密集的沟，即形成细沟侵蚀。最初出现的是斑状侵蚀或不连续的侵蚀点，以后互相连通成为连续细沟，这种细沟沟形很小，且位置和形状不固定。细沟的出现，标志着面蚀的结束和沟道水流侵蚀的开始。面蚀带走大量土壤营养成分，导致土壤肥力下降。在面蚀的基础上，尤其是细沟状面蚀进一步发展，分散的地表径流由于地形影响逐渐集中，形成有固定流路的水流，集中的地表径流冲刷地表，切入地面带走土壤、母质及基岩，形成沟壑的过程称为沟蚀。沟蚀是水力侵蚀中常见的侵蚀形式之一。虽然沟蚀涉及的面积不如面蚀广，但它对土地的破坏程度远比面蚀严重，沟蚀的发生还会破坏道路、桥梁或其他建筑物。

2. 水蚀的影响因素

影响土壤水蚀程度的因素主要有降水、地形（尤其是坡度）、地面覆盖和土壤性质。

(1) 降水。降水对土壤冲蚀的影响程度由降水量、降水强度和持续时间决定。其中，降水强度和持续时间对其影响较大。雨势大而降水时间长，如夏秋天的阵雨，最容易引起严重的土壤冲蚀；相反，虽然降水时间长，但雨势不大，如冬季的细雨，影响并不大。

(2) 地形。地形主要包括坡度、坡面长度及坡面形状。通常坡度对土壤冲蚀影响最大。坡度越陡，地表径流速度越快；坡面坡度小而土壤透水性强时，坡面长度加长，有助于土壤吸收更多地面水。但在透水性弱的土壤上，坡面越长，径流量越多，流速也越快；坡面形状显得起伏不平，虽可增加土壤吸收径流的数量，但也会增加径流集中于低洼沟谷的机会，所以，容易冲蚀的土壤，坡面越崎岖，冲蚀作用反而越大。

（3）地面覆盖。地面覆盖物包括地面上生长的林木、草类和作物，或堆积在地面上的枯枝落叶、腐草、植物根茎和碎石等一切可以覆盖地面的物质。地面覆盖物可以隔离雨水对土壤吹打的力量，并降低径流的流速，截留径流中的泥沙，减少冲蚀力量。其影响效果视覆盖种类和密度而定。一般覆盖密度越大，效果越显著，如密生林木或草类的覆盖密度大于栽植的果树或其他作物，所以防冲蚀的效果较好。

（4）土壤性质。水力引起的土壤冲蚀源于降水，降水使土粒分散，土粒被径流带走，从而引起冲蚀。若土壤本身抵抗分散作用的力量大，吸水力强，则可使雨水迅速渗入土壤，就不会引起严重的土壤冲蚀。诸多土壤性质中，有机物与黏土的含量和土壤构造与土壤抗蚀性关系较密切。有机物和黏土可增加土粒的结合力，稳定土壤，使土粒不易分散。但黏土太多，反而使透水性降低，土壤更易被冲蚀。所以，黏性太强的土壤也不好。良好的土壤构造，如团粒构造，不但不易分散，而且孔隙多，透水性较强，可迅速吸收地面水，减少径流的冲蚀力量。

3. 水蚀的土壤流失量预测

通用土壤流失方程（universal soil loss equation，USLE）是表示坡地土壤流失量与其主要影响因子间的定量关系的侵蚀数学模型，用于计算在一定耕作方式和经营管理制度下，因面蚀产生的年平均土壤流失量。

其数学表达式为一系列简化变量相乘的方程形式，表达式为

$$A = RKLSCP \tag{2.1}$$

式中 A——任一坡耕地在特定的降雨、作物管理制度及所采用的水土保持措施下，单位面积年平均土壤流失量，t/hm^2；

R——降雨侵蚀力因子，是单位降雨侵蚀指标，如果融雪径流显著，需要增加融雪因子，$MJ \cdot mm/(hm^2 \cdot h)$；

K——土壤可蚀性因子，即标准小区单位降雨侵蚀指标的土壤流失率；

L——坡长因子；

S——坡度因子，等于其他条件相同时实际坡度与9%坡度相比土壤流失比值，由于 L 和 S 经常影响土壤流失，因此称 LS 为地形因子，以示其综合效应；

C——植被覆盖和经营管理因子，等于其他条件相同时特定植被和经营管理地块上的土壤流失与标准小区土壤流失之比；

P——水土保持措施因子，等于其他条件相同时实行等高耕作，等高带状种植或修地埂、梯田等水土保持措施后的土壤流失与标准小区上土壤流失之比。

生产建设项日的土壤流失量指在工程施工扰动地表后，多年平均气象条件下不采取水土保持措施时，预测防治责任范围内水力侵蚀可能造成的土壤流失量。城市水土流失量预测可参照《生产建设项目水土保持技术标准》（GB 50433—2018）和《生产建设项目土壤流失量测算导则》（SL 773—2018）的相关内容。

2.1.4.2 风蚀

1. 风蚀及其形成过程

风力侵蚀简称为风蚀，指在风力作用下，土壤、土壤母质及其他地表组成物质被破

坏、剥蚀、搬运和沉积的全部过程。风蚀可分为悬移、推移、跃移、磨移等形式。

风力侵蚀作用包括吹蚀和磨蚀两种方式。风的侵蚀力是摩阻流速的函数，可表示为

$$F_t = fV_*^2 \tag{2.2}$$

式中 F_t——侵蚀力，N；

V_*——侵蚀床面上的摩阻流速，m/s。

地表附近风速梯度较大，使凸出于气流中的颗粒受到较强的风力作用。颗粒越大，凸出于气流中的高度越高，受到风的作用力也越大，然而，这些颗粒由于质量较大，需要更大的风力才能被分离。能够被风移动的最大颗粒粒径，取决于颗粒垂直于风向的切面面积及本身的质量。粒径为 0.05～0.5mm 的颗粒都可以被风分离，以跃移形式运动，其中粒径为 0.1～0.15mm 的颗粒最易被分离侵蚀。风沙流中跃移的颗粒，增加了风对土壤颗粒的侵蚀力。因为这些颗粒不仅将易蚀的土壤颗粒从土壤中分离出来，而且通过磨蚀将那些小颗粒从难蚀或粗大的颗粒上分离下来。

当风速大于起动风速时，在风力作用下，土壤和沙粒物质随风运动，其运动方式有悬移、跃移、蠕移 3 种，运动方式主要取决于风力的强弱和搬运的颗粒的粒径大小。风沙运动与水流中的泥沙运动不同，以跃移运动为主。沙粒在空气中跳跃高，便会从气流中获得更大的能量。下落冲击地面时，它不但本身会反弹跳起，而且把下落点附近的沙粒也冲击溅起。这些沙粒在落到地面以后，又溅起更多的沙粒。因此，沙粒在气流中的这种跳跃移动具有连锁反应的特性。高速跃移的沙粒通过这种冲击的方式，靠其动能可以推动比它大 6 倍或重 200 多倍的表层粗沙粒（粒径大于 0.5mm）蠕移运动。蠕移速度较小，每秒仅向前移动 1～2cm；跃移的速度快，一般可以达到每秒数十厘米到数百厘米。

风对土壤颗粒的搬运是一个非常复杂的过程，颗粒不停地被气流纳入，也不停地向地面跌落。风的这种跌落作用取决于风速大小、土壤颗粒或团聚体的粒径和重量，以及地表状况。一般分两种情况，即重力沉积和遇阻沉积。当风速减弱，紊流漩涡的垂直分速度小于沙粒重力产生的沉速时，在气流中悬浮运行的沙粒就要降落堆积在地表，称为重力沉积。风沙流运行时，遇到阻碍速度减慢，使沙粒堆积起来，称遇阻沉积。风沙流遇到山体阻碍时，可以把沙粒带到坡度小于 20°迎风坡的山坡上堆积下来。当风沙流的方向与山体成锐角相交时，一股循山势前进，另一股沿着山体迎风坡成斜交方向上升，并因与山坡摩擦而减缓风速，沙粒就堆卸在迎风坡上。地表植被和沙丘本身也都会成为使风速降低和沙粒沉积的障碍。

2. 风蚀的影响因素

影响土壤风蚀的因素有气象因子、土壤易蚀性、地表粗糙度和裸露面积等。

（1）气象因子。影响土壤风蚀的气象因子主要是风速和风延续的时间。风蚀作用的能力同风的压力以及风的方向与地面的角度有关，风压的大小与风速的平方及空气的密度成正比，而空气密度又与大气压力、空气温度、空气湿度有关。任何一种土壤被风吹动的实际速度取决于不同当量直径的粒子在土壤表面的分布和表面粗糙程度。一般在侵蚀较严重的土壤上，30cm 高处的风速未达到相当于 9 级风速之前，土壤是难以发生严重风蚀的。

（2）土壤易蚀性。影响土壤风蚀的土壤易蚀性有土壤粒级、土块大小和机械稳定性、容易板结层的稳定性等因素。至于土壤对风作用的抵抗力，则视干土土块的大小和黏土含

量较多、土块较大、含有多量有机物、具有良好构造的土壤而定，比较不容易被吹移。

（3）地表粗糙度和裸露面积。当表层土壤中不易风蚀的颗粒增加时，临界阻力速度必然随之增加，从而保护了易蚀的颗粒。易蚀与不易蚀的分界是随着阻力速度、土粒平均当量直径大小及其变幅、土壤中易蚀部分和不易蚀部分的比例变化而变化的。裸露土壤面积的大小对风蚀的影响十分明显。如果易蚀面积很小，则土壤易蚀性受土壤表面粗糙度影响较大；当田块裸露面积增大时，则使土壤流动速度不断增加，一直达到某一风速所能携带的最大负荷为止。

3. 风蚀的土壤流失量预测

在工程施工扰动地表后，多年平均气象条件下，不采取水土保持措施时，预测防治责任范围内风力侵蚀可能造成的土壤流失量参照《生产建设项目水土保持技术标准》（GB 50433—2018）和《生产建设项目土壤流失量测算导则》（SL 773—2018）的相关内容。

2.1.5 城市水土流失的防治原则

根据城市水土流失特点及国家关于水土保持工作的相关规定，结合城市特殊条件和功能要求，城市水土流失防治工作应坚持以下原则：

1. 生态优先，以人为本

城市水土流失治理必须贯彻生态优先，以人为本的原则，确保人民群众生产生活不受干扰，保持城市宜居性和舒适度。水土保持措施要与当地环境相适应，要有利于城市生态系统的构建和修复。切实加强对生态区、景观区、水源区、湿地等的生态保护和河道生态协调，充分发挥水土保持的生态效益、经济效益、社会效益。

2. 综合利用，兼顾景观

进行措施设计时要充分考虑弃土弃渣，尽可能做到综合利用，注意土方调运过程中的临时防护措施，严格控制土石方挖填、堆置、调运等环节可能产生的新的水土流失，充分利用雨水资源，做好城市雨洪集蓄、利用和安全排放，减轻城市的洪涝灾害，解决城市内涝问题。在城市规划区范围，特别是在建成区范围内的城市水土保持，应在确保完成水土流失防治任务的前提下，充分考虑城市美化绿化需求，结合景观建设与生态环境合理布置水土保持设施，城市水土保持措施设计既要考虑生态安全，也要达到绿化美化环境、提高环境质量的目的。

3. 问题导向，综合施策

城市水土保持应坚持预防与治理、建设与管理、开发与保护并重，采取宣传教育、预防监督、治理保护等综合措施，提高人民群众水土保持的意识及自觉性，确保城市水土保持工作有效可靠，实现生态环境的可持续利用。

2.1.6 城市水土流失的防治对策

城市水土保持是防治城市水土流失灾害的根本。基于城市水土流失的成因、过程和危害，有针对性地实施防治对策。

生产建设项目造成的水土流失问题主要源于项目建设工程中的开挖、回填以及随意堆弃土方。综合生产建设项目建设过程、特点、占地类型等因素，全面考虑生产建设项目对地表扰动的形式，将其划分为开挖扰动、堆弃扰动和碾压扰动 3 种，并分别提出防治对策。

开挖扰动主要指生产建设项目中基础、厂房建设等破坏原始地貌，导致出现裸露地表以及挖方边坡，其在水力、风力、重力等外营力作用下加剧水土流失的现象。开挖扰动形成的裸露地表和挖方边坡，其中裸露地表在建设过程中应当及时苫盖，施工结束后进行土地整治，绿化美化；挖方边坡应当采取截排水工程，将坡面雨水排至安全地带，确保边坡稳定。

堆弃扰动主要指生产建设项目中土方回填形成的填方边坡，建筑材料的临时堆放形成的松散堆体，土方回填过程中形成的临时堆土体，弃土（石、渣、尾矿）堆弃形成的松散堆体，在水力、风力、重力等外营力作用下加剧水土流失的现象。生产建设项目中的堆弃扰动主要形成临时堆土边坡、填方边坡、弃土（渣）平台以及边坡。临时堆土边坡应及时采取临时拦挡、临时排水和苫盖措施，防护临时堆土时间超过一个雨季时，应该在雨季撒播一年生草本进行临时绿化。填方边坡主要为道路的填方边坡和场区垫高形成的填方边坡，坡度较缓，坡高较低，常采用综合护坡等措施进行防护。

碾压扰动主要指生产建设项目中施工车辆碾压临时道路、施工材料临时堆存占压土地，导致施工过程中的临时占地地表土壤结构遭到破坏、土壤组成成分发生变化，施工结束后造成土地生产力下降等水土流失加剧现象。碾压扰动主要是生产建设项目中对永久占地以外的临时占地造成的扰动，主要采用临时覆盖等措施加以防护，施工结束后，进行植被恢复。

2.2 城市水土保持

2.2.1 城市水土保持的基本概念

城市水土保持是针对城市水土流失提出来的概念，以保护城市水土资源、改善和美化城市环境为目的，相对于传统的水土保持有自己的特色。《中国大百科全书》将“水土保持”解释为“防治水土流失，保护、改善与合理利用水土资源，维护和提高土地生产力的综合性科学技术”。《中国水利百科全书》将“水土保持”定义为，防治水土流失，保护、改良和合理利用水土资源，维护和提高土地生产力，以利于充分发挥水土资源的经济效益和社会效益，建立良好生态环境的综合性科学技术；对“城市水土保持”的定义为，对城市、乡镇区域内水土流失的预防和治理，并指出随着城市化（包括农村城镇化）进程的加快，城市开发建设不当也能引发水土流失，水土流失问题已从农村发展到城市，从山区、丘陵区、风沙区扩展到平原区、沿海地区和经济开发区。

20 世纪 90 年代进行一系列城市水土保持实践后，众多学者明显认识到城市水土保持与传统水土保持的不同。简单来说，城市水土保持就是预防和治理城市开发建设过程造成的水土流失，整治周边被破坏的环境，加强绿化建设的过程。后续许多学者对城市水土保持的概念与内涵进行了补充和完善，但其本质并未改变。

城市水土保持即为防治开发建设水土流失和生态景观破坏而实施的管理和技术措施，可使城镇化过程有序化，确保城市化过程中的各种基础设施能发挥正常的功能，其主要内涵包括对城市水土流失的预防和治理、对城市基础设施的生态保障、对城市生态用地的恢复和保护。

当前我国水土保持工作取得显著成效，水土流失面积和强度持续呈现“双下降”态势，但我国水土流失防治成效还不稳固，防治任务仍然繁重。党的二十大强调，推动绿色发展，促进人与自然和谐共生，这对水土保持工作提出了新的更高要求。无论是城市水土保持工程建设还是工程开发，在开展过程中都必须全面贯彻习近平生态文明思想，认真落实习近平总书记“节水优先、空间均衡、系统治理、两手发力”治水思路，牢固树立和践行“绿水青山就是金山银山”的理念，促进社会经济发展的同时，全面提升水土保持功能和生态产品供给能力，为促进人与自然和谐共生提供有力支撑。

2.2.2 城市水土保持的原理

城市水土保持是预防和治理城市开发建设过程造成的水土流失，整治被破坏的环境，加强绿化建设的过程，而城市水土保持是研究城市化水土流失发生的原因、方式和规律，据以防治水土流失，维护城市建设的生态安全，改善生态景观的一门综合性的应用技术及管理科学。可以说，认识城市水土保持原理是因地制宜提出水土保持措施的基础。

研究发现，城镇化发展过程中各种生产建设项目形成的“两坡一面”是水土流失最严重的地方，“两坡一面”主要指项目建设初期场地平整阶段，由大开挖、大回填形成的挖方坡面、填方坡面以及土方回填形成的堆积平面。据调查研究，“两坡一面”的土壤侵蚀模数为自然地貌容许土壤流失量的10倍以上甚至100倍。而生产建设项目水土流失与自然条件下原始地貌的水土流失具有密切的联系，并且不同类型项目在建设以及运行过程中造成水土流失的主要时段和主要部位有一定的相似性，即均对地表造成扰动，在水力、风力、重力等外营力作用下加剧水土流失现象。在生产建设项目主体工程防治区和施工场地防治区，地表扰动，开挖面裸露，降雨径流冲刷产生面蚀、沟蚀，临时堆土场分治区松散土石方极易造成水土流失，主要表现为水蚀及风蚀。

2.2.2.1 水蚀防治原理

制订水蚀防治的技术措施，主要依据土壤水蚀发生的过程及规律。土壤冲蚀的发生，必须经过三个阶段：第一阶段是土粒的分离和分散；第二阶段是已分散的土粒被搬移离开原来的位置；第三阶段是土粒逐渐沉滞淤积。城市用地由于开发建设，难免会形成短期的暴露，必须设法防止第一阶段搬移的发生。所以，在城市中防治土壤冲蚀最好的办法是在土壤被分散以前注意防治，即让土地覆盖，使之保持良好的状态。

就其原理，水蚀防治的途径可概况为以下几个：

（1）增加地面覆盖，减小冲蚀力。地面覆盖物可以隔离雨水对土壤吹打的力量，并降低径流的流速，截留径流中的泥沙，减少冲蚀力量，一般覆盖密度越大，防护效果越显著。因此，可以通过植树种草增大植被覆盖度，或用材料苫盖地表、搭建防水建筑物等措施减小雨水冲蚀，在土壤抗蚀性较强的地区，也应尽量维持较大的覆盖面积。

（2）改善土壤结构，增加透水性，提高土壤入渗能力和抗侵蚀能力。土壤冲蚀由降水导致土粒分散，土粒被径流带走而引起。若土壤本身抵抗分散作用的力量大，吸水力强，则可使雨水迅速渗入土壤，就不会引起严重的土壤冲蚀。诸多土壤性质当中，有机物与黏土的含量和土壤构造与土壤抗蚀性关系较密切。有机物和黏土可增加土粒的结合力，稳定土壤，使土粒不易分散。良好的土壤构造，如团粒构造，不但不易分散，而且孔隙多、透水性较强，可迅速吸收地面水，减少径流的冲蚀力量。

（3）通过水土保持措施减缓地面坡度，缩短坡长。在地形因素中，通常坡度对土壤冲蚀影响最大。坡度越陡，地表径流速度越快；坡面坡度小而土壤透水性强时，坡面长度加长，有助于土壤吸收更多的地面水。但就透水性弱的土壤而言，坡面越长，径流量越大，流速也越快；坡面起伏不平，虽可增加土壤吸收径流的量，但也会增加径流集中于低洼沟谷的机会，所以，容易冲蚀的土壤，坡面越崎岖，冲蚀作用反而越大。

总之，土壤冲蚀以地面覆盖和人为活动影响最大，应该根据降水和土壤情况去调整人为活动，以控制土壤冲蚀至最低程度。例如，太陡的坡地或土粒很容易分散的地区，最好不要用来开发建设，避免在雨季内翻动土壤，同时要分散径流，降低径流速度，拦阻径流所挟带的泥沙等。

2.2.2.2 风蚀防治原理

风蚀是由风的动压力及风沙流中沙粒的冲蚀、磨蚀作用，使地表物质遭吹蚀和磨蚀，造成土壤养分流失、质地粗化、结构变差、生产力降低等现象的过程。

制订风蚀防治的技术措施主要依据土壤风蚀的原因及风运动的规律。发生风蚀的主要原因是干燥季节发生强风，如果能减低风速，或在强风季节使地表保持滋润并增加覆盖物，增强抗风能力，则可减少风蚀作用。防治风蚀的基本原则，一是降低风力，二是提高土壤抗风能力。

根据风蚀产生的条件而采取的技术措施多种多样，但就其原理，防治途径可概括为下述几个：

（1）增大地表粗糙度，降低近地层风速。当风沙经过地表时，对地表土壤颗粒（或沙粒）产生动压力，使沙粒运动，风的作用力大小与风速大小直接相关，作用力与风速的二次方成正比，所以当风速增大，风对沙粒产生的作用力就增大，反之，作用力就小。可见，只要降低风速就可以降低风的作用力。近地层风受地表粗糙度影响，地表粗糙度越大，对风的阻力就越大，风速就被削弱降低。因此，可以通过植树种草或布设障蔽的方法增大地表粗糙度，降低风速，削弱气流对地面的作用力，以达到固沙和阻沙的作用。

（2）防止气流对地面的直接作用。风及风沙流只有直接作用于裸露地表，才能吹蚀和磨蚀地表土壤颗粒，产生风蚀。因而可以增大植被覆盖度，使植被覆盖地表，或使用柴草、秸秆、砾石等材料铺盖地表、合理搭建建筑物，对地面形成保护壳，以阻止风及风沙流与地面的直接接触。

（3）提高沙粒起动风速，增大土壤抗蚀能力。使沙粒开始运动的最小风速称为起动风速，风速只有超过起动风速才能使沙粒随风运动，形成风沙流，产生风蚀。因而只要加大地表颗粒的起动风速，使风速始终小于起动风速，地面就不会产生风蚀作用。起动风速的大小与沙粒粒径的大小及沙粒之间的黏着力有关，粒径越大，或沙粒之间黏着力越强，起动风速就越大，抗风蚀能力就越强。所以，可以采用强风季节喷施水分润湿土粒使地表保持滋润、喷洒化学胶结剂或增施有机肥的方法，改变沙土结构，增加沙粒间的黏着力，提高抗风蚀能力，使得风虽过而沙不起，从而达到固沙作用。

总之，应维持良好的城市绿化植被及植物残留物；增加土壤表层的抗蚀团聚体或土块；设计规划时减少沿风蚀方向土地的宽度，合理构建抗风建筑，创造粗糙的土地表面。防治措施以生物措施为主，技术措施与工程措施为辅，以求综合防治效果。

2.2.3 城市水土保持的地域范围与任务

城市水土保持目标不仅是控制水土流失，而且要为人们创造美好的生活环境。城市水土流失发生在人口集中、经济发达、工业密集的城市，城市水土保持具有在市区和市郊范围内发挥防治水土流失，保护、改善与合理利用水土资源，维护城市建设的生态安全，改善生态景观和城市绿化美化的任务，因此其不能仅仅局限于水土流失危害的控制和改善生存环境与生产环境，还应考虑人们对环境质量的更高要求。

2.2.3.1 城市水土保持的地域范围

按照城市地域结构及水土流失特点，城市水土保持的地域范围包括市区和城郊等。

2.2.3.2 城市水土保持的任务

城市水土保持工作的任务主要是在城市化建设过程中为新增的水土流失作预防和治理，并对城市周边进行绿化美化，具体如下：

（1）城市水土流失防治。城市水土保持最基础的任务就是对城市、乡镇区域内的水土流失进行预防和治理。随着城市化进程的加快，城市范围内市政道路、地铁、旧城改造、城市防洪排涝等工程项目会越来越多，城市开发建设不当也会引发水土流失。水土流失防治作为城市水土保持工作的重点，主要是从水土流失的特点和城市居民对物质和文化的需求出发，提出防治水土流失、保护利用水土资源和美化环境的技术和措施。如公路建设中采取水土保持生态护坡、合理调配使用土石方等措施；房地产建设中采取水循环利用、雨水集蓄措施，利用土方改造微地形等；城市河湖水系综合整治中采用柔质护坡，加强表土利用和植被覆盖等；栽植适宜的乡土植物等。

（2）表土资源保护与土方综合利用。目前国内生产建设项目数量多、类型广，土石方开挖、回填量大，部分表层土及地表植被易遭到破坏，表土流失量较自然状态下显著增加，易引起河道淤积及水质污染。表土作为一种难以再生、生态价值显著的基础性资源，如何有效地剥离、科学地保护和合理地利用并发挥其最大价值，已成为生产建设过程中亟待解决的关键问题。在努力实现“双碳”战略目标的大环境下，优先开展工程土石方资源化、减量化、无害化利用，将成为行业共识。

（3）城市径流调控与雨洪利用。在城市化进程加快和全球气候复杂变化的背景下，城市洪涝灾害频发。将雨水径流和天然河道作为资源进行合理的城市径流利用与调蓄调度，将有效缓解城市水文生态的不平衡，减少雨洪灾害。加强雨洪资源化利用，提出控制地表径流方案，采取下凹式绿地、雨水集蓄设施、透水铺装等雨水调蓄设施和措施，原则上要求多年平均降雨条件下径流不增加，工业园区建设中重视设计雨水、污水、中水合理利用系统，以达到保护城市生态环境的目的，实现人文、生态、经济多赢的目标。

（4）城市生态修复与景观提升。它以保证当地的自然环境和生态系统稳定为前提，为了应对人类大规模经济开发建设行为对城市自然生态系统造成的干扰及破坏，在充分发挥生态系统自我修复功能的基础上，采取工程和非工程措施，逐步改善生态系统的结构与功能，促使生态系统恢复到较为自然的状态。同时以保障自然生态与人居生态功能的完美结合为目的，了解地形地貌等环境属性及生物生活环境结构，利用植物种植搭配、生境营造等设计手法，构建适合生物生存的环境景观，将其与人类游憩空间合理融合，有助于维持与增强生态群落的复杂性与稳定性，适当提高可再生资源的利用率，减少园林废弃物的排放，减轻自然与社会对环境污染方面的压力。

(5) 监督管理与执法。城市化进程中的各类开发建设都应按相关法律法规进行，落实好水土保持相关制度，做到规范化、制度化。除此之外还需建立健全水土保持监督执法机构，配置足够的监督执法人员，提高执法人员业务素质和执法水平，保证生产建设项目水土保持“三同时”制度落到实处，依法防治水土流失。只有做到水土保持工作的有效介入，让城市各行各业的建设从开工到竣工都在水土保持的监控之下，才能有效遏制建设中的水土流失。

城市水土保持与城市防洪、城市林业、城市园林、矿区开采保护等既有联系又有分工。城市水土保持在为城市的基础设施和城市的社会经济可持续发展提供生态保障的同时，又成为城市生态建设的重要组成部分，它渗透到城市建设的多个行业和每一项建设工程中。做好新形势下城市水土保持与水土流失防治，是我国未来一段时间水土保持工作的重要内容，必须高度重视、加强研究。

2.2.4 城市水土保持的功能

(1) 生态服务功能。城市化在带来便捷的同时也造成严重的生态环境破坏，我国许多城市已比较普遍地出现大气污染、光化学污染、噪声污染等“城市病”，城市水土保持的各项措施对于缓解“城市病”具有重要的作用。水土保持林草措施具有截留降雨、抑制蒸发、调控地表径流、减弱雨滴冲击侵蚀、改良土壤结构、增强土壤透水性和蓄水性等作用，同时绿色植物吸收二氧化碳释放氧气，调节小气候，吸附粉尘及有毒有害气体，减轻噪声和光化学污染，城市中的绿地及植物群落又可为野生动物提供良好的栖息环境。

(2) 景观与游憩功能。城市水土保持既是一种防治水土流失的措施，也是营造城市景观、为城市居民提供游憩场所的一种手段。国内目前兴起的宜居城市、山水城市等概念，其背景均是人们对良好城市生态的诉求。利用各项水土保持措施营造的景观，可以在高楼大厦的“城市森林”中为居民拓展绿色空间，增加视觉美感，拉近人与自然的距离，使居民在紧张的生活工作节奏中，身心得到放松和休憩。

(3) 防灾避险功能。部分城市周边，泥石流、滑坡、崩塌、坠石等严重威胁着人民的生命和财产安全。城市水土保持不仅要防治水土流失，还应在城市周边地区公路沿线、休闲观光区、野营地、漂流河道沿线等灾害多发区，发挥防灾避险功能，及时排除山地灾害隐患，保障游人生命财产安全。

(4) 碳汇功能。城市水土保持通过防治城市水土流失，保护、改良和合理利用水土资源，维护和提高土地生产力，利用植被光合作用直接从大气中吸收 CO_2、增加土壤有机碳，调水保水保土，固持有机碳，避免土壤有机碳矿化后以 CO_2 的形式排放到大气中形成碳源，通过垂向和横向路径影响碳循环。水土保持措施保土固碳则是通过减少或避免侵蚀土壤输移、固持或拦截土壤有机碳（保土或拦沙固碳）来实现的，可维持土壤有机质的质量和稳定性。减蚀减碳是通过减少甚至避免流失土壤矿化变为大气 CO_2 的“源”来实现的，虽然没有直接减少大气中的 CO_2，但可对降低碳达峰峰值发挥作用。

2.2.5 城市水土保持措施体系

2.2.5.1 管理措施

城市水土保持是一项涉及多部门（水利、国土、城建、交通、环保、农林及立法执法等）的综合系统工程。要搞好城市水土保持工作，必须在当地政府统一的领导下，各部门分工负责，注意协调，密切配合。不仅要加大宣传力度提高全民对城市水土流失的认识，把城市水土保持列入各级政府的议事日程，而且要健全法制，以法律法规条文的形式强化城市水土保持，并在此基础上建立健全城市水土保持监督体系，同时进一步加强城市水土保持理论和措施的研究，全面指导城市水土保持实践。

要搞好城市水土保持工作，城市水土保持规划是基础。城市水土保持规划应以城市总体规划为指导，以水土保持法律法规为依据，将水土保持的有关规定和要求贯穿于城市的规划管理和各项开发建设之中。城市水土保持规划既要结合城市总体规划确定的城市功能和空间布局，又要反映水土流失与水土保持的特点，根据区域特性把握治理重点，加强监督检查，完善预防和保护措施。

2.2.5.2 技术措施

1. 资源保护与利用技术措施

（1）表土剥离保护与利用措施。《中华人民共和国水土保持法》明文规定，"对生产建设活动所占用土地的地表土应当进行分层剥离、保存和利用"。表层土是土壤层中含有最多有机质和微生物的地方，是地球上多数生态活动进行的地方，也是植物大部分根系生长、吸收养分的地方。据估计，一般条件下，每形成 1cm 的土壤需要 100～400 年的时间，也就是说每形成 30cm 的耕作层需要 3000～12000 年。特别是在生态脆弱地区，表土一旦被破坏，生态也就没有恢复的可能，保护和利用好地表土显得尤为重要。

因此，在实际生产建设过程中，应当对表土进行分层剥离、集中存放并进行苫盖等保护，施工结束后用于植被恢复和农业生产等。生产建设项目进行表土剥离时应根据施工扰动范围内土层结构、土地利用现状和施工方法应剥尽剥；裸露地表应及时防护，减少裸露时间；填筑土方时应随挖随运、随填、随压；剥离的表土应集中存放，并采取临时拦挡、苫盖、排水等防护措施。剥离的表土应用于复耕、植被恢复，也可用于其他区域的土地整治。

（2）雨水收集与利用措施。雨水蓄渗工程是指在工程建设区域内，对原有的良好的天然集流面或增加的硬化面（坡面、屋顶面、地面、路面）上形成的汇聚径流进行收集、蓄存、调节、利用而采取的工程措施。雨水蓄渗技术主要有渗透技术、蓄持技术和转输技术。渗透技术是结合一系列水土保持工程措施和生物措施防止雨水冲击地面后形成径流造成城市内涝和雨水滞留的一项排导雨水、削减洪峰的技术，包括下凹式绿地、生物滞留设施、透水铺装、绿色屋顶、渗井和渗透塘等设施。其中生物措施的运用表现在利用植被改善土壤的入渗能力，减少径流的形成；在工程措施方面，主要是在城市建设中于人行道路和公共用地设置透水铺装地面、建设雨水花园和雨水湿地以及下沉式绿地，以增加雨水的渗入，增加土壤蓄水容量和控制裸露地面的水土流失，补充城镇地下水，同时削减地面径流，防止水土流失，美化城市的生活环境。蓄持技术主要是对雨水进行收集再利用，以实现对水资源的充分利用，达到一种节水减排的效果，主要设施包括雨水蓄水池、湿塘、雨水罐、雨水湿地和人工湿地等。转输技术主要是对雨水进行汇集和排导，设施包括植草沟、渗透管（渠）、排水沟、初期雨水弃流设施。在输送雨水的过程中将雨水进行收集、净化、储存，能够有效汇滞径流。

在水土保持工程建设实际应用中，为充分开发利用水资源短缺地区的雨水资源，缓解水资源的不足，蓄水工程的开发利用较多，入渗工程则仅仅根据建设区域的特别要求而建。

2. 综合治理技术措施

综合治理技术措施主要包括植物措施、工程措施和临时措施三大类，各类措施又包括多项具体的技术措施。各项技术措施功效不同，在解决城市水土流失的具体问题时，应在充分考虑省工经营的前提下采取综合治理措施，以求达到最佳效果。

（1）植物措施。植物措施是指在开发建设区及周围影响区的裸露地、闲置地、废弃地、各类边坡以及矿山废弃地等一切能够用绿色植物覆盖的地面所进行的植被建设和绿化美化工程，包括为控制水土流失所采取的造林种草工程与建设生态环境相关的园林绿化美化工程以及矿山废弃地的复垦。保护现有植被、提高植被覆盖率，可有效防治水土流失，改善小气候，丰富景观，美化环境。常见的水土保持植物措施有平台绿化、铺设植物隔离带、撒播植草、建设防风林带、恢复植被、封育补植。

工程扰动后的裸露土地以及工程管理范围内未扰动的土地，应优先考虑植物措施。植被措施是生产建设项目防治水土流失、改善生态环境的最有效措施之一，良好的植被覆盖能够有效减弱水力和风力对地表的侵蚀，调节地表径流，拦截泥沙，固持和改良土壤，维护周边环境健康稳定。植物措施的布局应符合生态和景观要求，涉及城镇的应与城镇绿化相结合；植物措施设计应根据立地条件，因地制宜，适地适树（草）确定树（草）种、整地方式、栽种方法，优先采用乡土树（草）种；干旱缺水和对植物措施要求标准高的区域应有配套的灌溉措施。生产建设项目运行期间，水土保持措施中的植物措施主要布设在一定项目区域范围内，除了永久道路、建筑物以外，所有的裸露地表以及施工扰动迹地内，都以防治水土流失为前提，是一种提高环境质量的植被恢复措施。

（2）工程措施。控制水土流失除采用植物措施外，也应采取适当的工程措施，特别是对一般生物防护措施难以奏效的区域，如水土流失强度大的建设项目场地，应根据具体情况采取拦渣、护坡、土地整治、防洪排水、防风固沙、泥石流防治等工程措施来控制水土流失。在具体措施的应用上，一般按照“先挡后填”“先挡后弃”的水土保持原则，边开挖边回填，及时治理施工形成的裸露地，及时绿化、恢复植被。常见的水土保持工程措施或设施有永久截水沟、永久排水沟、雨水排水管道、永久沉沙池、表土剥离、土地整治、挡土墙、护坡、复耕。

在实际生产建设活动中，对于工程开挖、填筑、弃渣、取料等活动形成的斜坡，应根据所处位置的地形地貌、气象、水文、地质等条件，在边坡稳定的基础上，采取坡脚及坡面防护等措施。对降水条件许可的低缓边坡，应布设植物护坡措施；不宜布设植物措施的干旱区或坡脚容易遭受水流冲刷的边坡，应布设工程护坡措施；对降水条件许可的高边坡或陡边坡，应布设工程措施和植物措施相结合的综合护坡措施；另外应与截排水措施统筹设计，在满足稳定安全的条件下，宜采取植物护坡措施，或工程措施与植物措施相结合的综合护坡措施。开挖、削坡、取土（石）形成的土质边坡，可在坡脚布设挡土墙；在生产建设项目弃土（渣、石）形成的坡脚，可布设挡渣墙，支撑和防护弃渣，防止失稳滑塌。

（3）临时措施。临时措施适用于施工期间容易造成水土流失的临时堆土、取土（石、砂）场、弃土（石、渣）场、施工场地等裸露区域，主要包括临时拦挡、苫盖、排水、沉沙、植草等措施，根据地表裸露时间、区域、降雨、风速等因素选择适宜的措施类型，注重永临结合、防护效果。生产建设项目中的临时措施主要包括临时拦挡、临时排水、临时覆盖、临时沉沙和临时植物措施五种。

第3章　城市水土保持与城市建设

3.1　城市水土保持的特点

3.1.1　城市水文的特点

工业革命以后，人类进入城市化高速发展阶段，人口、产业、资金以及各类资源向城市集中。城市建设大幅度地改变了自然环境。城市开发使得气候、水系、土壤、植被等方面产生了巨大变化，形成了城市水文特点及雨水问题，主要表现在以下几点：

（1）城市地面硬化的增加，减少了雨水对地下水的补充。下垫面（underlying surface）是降雨受水面的总称，包括屋面、地面、水面等。建设城市前，下垫面多为农田、林地、草地，雨水易入渗土壤，补充地下水。城市建设后，林地、农田、草地等透水面被改造成为各种硬化面，如建筑屋面、道路、广场、停车场等。城市建设前正常降雨形成的地面径流量与雨水入渗量之比约为2∶8，地面硬化后两者比例变为8∶2。地面硬化干扰了自然的水文循环，大量雨水流失，城市地下水从降水中获得的补给量逐年减少。以北京为例，20世纪80年代地下水年均补给量比六七十年代减少了约2.6亿m^3，使得地下水位下降现象加剧。

（2）雨量径流系数、洪水量、洪水峰值增大或增加。雨量径流系数是指设定时间内降雨产生的径流总量与总雨量之比。城市建设改变了下垫面的构成，改变了雨量径流系数。城市建设前，以农地、林地、草地为主的地区雨量径流系数一般为0.4；城市建设后，城市的下垫面以屋顶、道路、广场为主，混凝土和沥青路面的雨量径流系数为0.8～0.9，硬屋面、沥青屋面的雨量径流系数为0.8～0.9，绿地为0.15，各类下垫面的雨量径流系数加权平均得出城市的雨量径流系数一般为0.6～0.8，而且城市建设后会减少坑塘、湖泊等蓄水设施，也导致径流量增加。随着降雨强度的增大，雨量径流系数也会增加，雨水流速加快，径流量增大，城市洪水量和峰值量也增加。例如，在降雨量和降雨类型相似的条件下，20世纪80年代北京地区的径流洪峰流量是50年代的2倍。城市外排雨水的增加导致洪水冲蚀城市下游河道，河道行洪量增加。

（3）雨水调蓄空间减少，城市面临的内涝风险增加。城市建设前的地区存在大量农田、河道、湖泊、湿地、沟渠、鱼塘、低陷地区等空间，具有调蓄雨水的功能。城市建设需要平整土地，上述区域大多被填平、硬化，调蓄雨水的空间大幅度减少。城市规模越大，新建区域越容易在低洼地区扩张，这样就大幅度增加了城市内涝风险。例如，1983—2013年，武汉市通过填湖来发展城市，导致30年间湖泊减少了230km^2。又如，2021年河南水灾，卫辉市几乎全市被淹，水深在1m左右，没有被淹的地方是地势略高的老城区，可见被淹的原因是新区选址时忽视了城市竖向与防洪防涝的关系。

城市总体规划应当充分考虑原有雨水调蓄空间被侵占的情况，通过扩大水域面积增加雨水调蓄空间，如20世纪30年代的长春城市规划将规划范围内的河流支流改建成人工湖，增加了雨水调蓄空间。

(4) 城市径流面污染。城市径流面污染是指在降雨的情况下，雨水冲刷城市的下垫面，导致径流携带下垫面上的污染物，通过排水系统进入河道、湖泊，使受纳水体被污染。城市的下垫面上累积着生活、生产活动产生的各类污染物（如油渍、轮胎的橡胶颗粒、排泄物），以及垃圾、尘土。城市径流面污染来源广泛，污染物的排放非常不均衡。有的污染物排放具有间歇性，晴天累积，雨天排放。初期雨水径流的污染物指标超过了生活污水。污水处理厂处理城市径流面污染是低效的，低影响开发、海面城市是另一种处理城市径流面污染的措施。

一些城市的建成区仍存在着合流制，排水标准低，城市径流面污染混合城市污水溢流。

3.1.2 城市土方运用的特点

(1) 城市选址决定了土方利用的总体状况。近水高台是城市选址的重要原则。城市用地属于符合这一原则的地形，城市建设就自然地形展开，土方利用的工作量小。现在普遍的问题是符合近水高台的自然地形日益稀缺，许多城市用地越来越处于低洼地区。选择低洼地区的一个重要原因是征地拆迁少，降低了开发成本。以北京为例，北京亦庄（即北京经济技术开发区）、未来科技城、第二机场、通州副中心等新城都处于低洼地区。在低洼地区建城，城市防洪一般有两个不同的策略：第一种策略是在城市外围建造大堤、城墙防范外来洪水，在城内修建渠道、湖泊，配建泵站防止内涝，这种策略土方利用量少，例如河北省霸州市靳家堡村采用围堤在海河“23·7”流域水灾中成功抵御了洪水；第二种策略是提高整个场地的高程来防范外来洪水，分区修建渠道、湖泊，配建泵站防止内涝，这种策略土方利用量多。两种策略可以组合，达成最优。古代，城市防洪防涝多采用第一种策略，如安徽寿县古城、河北邯郸广府古城。现代，城市建设过程中产生的土方量大，第二种策略变得经济合理、可行，如苏州工业园区。

(2) 建设过程中的土方调配。城市建设过程中产生的土方和开发强度、建筑形式有关，这两个特点体现在城市用地规划和地下空间规划上。一般来讲，工业用地的余方少，居住、公建用地的余方多。城市公园、集中绿地是土方调配的重要场所，可以挖湖取土提供土方，也可以堆山造景消纳土方。城市土方来自一个个建设项目，可以通过公共土方调运平台和场所合理配置，例如，北京亦庄将各个项目的余方调配到奔驰汽车厂项目，实现 $2km^2$ 的场地提高 1m。

(3) 表土控制。城市建设改变了地表土壤，为保证建设后的地表土壤支持良好的城市环境，要做好三件事情：①拆迁、施工中的建筑垃圾尽可能资源化再利用；②在绿地上优先利用表层腐殖土，水土保持和土地管理均要求先剥离表层腐殖土，厚度一般是 30cm，存放在特定区域，项目回填土方时，这部分腐殖土回填到绿地；③合理利用建设区域地下的砂石料，一些建设区地下埋藏着砂石料，容易被非法开采，留下沙坑，沙坑又成为非法垃圾填埋场，污染地下水，改变土地用途（案例详见 4.2 小节关于北京亦庄 X35 地块公共雨水调蓄的内容)。

3.1.3 城市水土保持植被的特点

城市水土保持植被要根据城市空间特点选定。从植被生长角度来说,城市空间对植物生长存在以下几方面的影响:①日照时间受建筑遮挡的影响,日照时间要参考项目的日照时间分布图;②植被的土壤受建设过程中土方回填的影响;③植物根系受地下车库、地下管网的影响,地下车库覆土厚度一般在 2～4m,有的地方覆土在 1m 左右,植被的根系不得损坏地下管线;④植物灌溉用水受雨水排水的影响,按照节水要求,植被灌溉优先利用雨水;⑤建筑附近会形成强劲的楼宇风。

城市绿化对植被有许多要求:①美观;②预防病虫害;③满足特定空间的要求,如停车场禁止选用有黏液、易倒伏的乔木;④行业规范对植被有特定要求,如医药品行业禁止易产生花粉的植物,仓储行业禁止易燃性植被。行业产生的废水、废气、废渣也会影响植物生长。

3.2 城市水土保持要解决的城市建设中的问题和策略

3.2.1 从水土保持的角度看待城市建设中的问题

早先,生产力水平低下,人类在自然界中选择适宜的地方筑城,充分利用自然条件给予的便利。近水高台是通常的城市选址原则。近水利于取水、航运,高台利于排水、防洪。例如,伦敦的城市选址是在泰晤士河的北岸,有 3 个优势:①北岸地势略高,河流穿插而行,自然形成南向坡地,易于接受光照,保持湿度;②河流的拐角处湍流冲刷使河水较深,船舶可以靠岸行使;③靠近拐角处,也就是现在的伦敦桥附近,河水较浅,可以涉水而过。北京城位于永定河和潮白河两个冲洪积扇相交而隆起的高地。工业革命以后,工业化带动了城市化。城市建造技术促进了城市规模的快速扩张,劈山、填海造地建城成为常见的城市开发方式。城市的横向范围可以达到上千平方千米,竖向范围可达空中 500m、地下 50m。城市规模越来越取决于经济、技术水平。当代城市高强度、高密度、高投资的建设方式要求水土保持须解决以下问题:

(1) 城市面临严重洪涝灾害和水资源短缺。随着城市的扩张,城市新增区域越来越多地处于泛洪区,大城市热岛效应增强,加上气候变化,极端降雨的概率增大。泛洪区的标准通常是以百年一遇的洪水淹没情况而定。例如,日本 10%的国土是泛洪区,泛洪区住着全国 50%的人口、拥有 75%的资产。2012 年,北京"7·21"暴雨造成 79 人遇难,全市受灾人口达 160.2 万人,因灾造成经济损失 116.4 亿元。城市人口、产业的聚集引发用水需求的增加,水资源始终处于紧张状态。

(2) 建设过程中产生大量土方急需合理运用。土方处理不当不仅付出高额的经济和生态成本,而且会引发事故。例如,2015 年深圳光明新区渣土受纳场"12·20"特别重大滑坡事故,共造成 73 人死亡、4 人下落不明。事故还造成 33 栋建筑物被损毁、掩埋,直接经济损失达 8.8 亿元。又如,2021 年郑州"7·20"特大暴雨中,全市超过一半(2067个)的小区地下空间和重要公共设施受淹,受淹的原因之一是城市开发过程中的土方用于河道后,河道的景观带高于城市道路的景观带,阻止城市道路漫流的洪水进入河道,加大了洪水倒灌地下空间的危害。

(3) 生态环境的退化。城市的硬面化、植被的缺失是热岛效应的主要原因。城市建设追求美化，花费高昂的成本维护城市绿地系统，削弱了绿地自我维护、改善空气质量、隔音降噪的功能。

3.2.2 城市水土保持措施发挥的作用

开发后和开发前对比，城市环境发生巨大变化。城市水土保持的措施分为永久性措施、临时性措施和永临结合措施，这些措施的落实和城市建设紧密相关，许多措施是兴建附属工程。

(1) 营造城市合理地形，降低城市洪涝风险。改革开放前，中国城市化缓慢，甚至反城市化。其后，城市化发展迅速，因低洼区域拆迁量少，刺激了新区在低洼区域扩张。这些新建区域在极端天气增加的今天面临严重的洪涝灾害。例如，2023 年 7 月海河“23·7”流域性特大洪水中，河北省涿州市高新技术产业开发区因地势低积水严重。

新的城市规划理念是“与水共生”，通过城市竖向控制和用地布局，尽可能实现雨水资源化与防洪减灾之间的平衡。根据中国一些城市的开发经验，如苏州工业园区，在目前城市高强度开发、地下空间开发量大的情况下，只要合理利用城市开发过程中的土方，就可以实现开发后的地面高程比开发前的地面高程高 1.5m 左右的目标，永久地提高城市预防洪涝的水平。同时，通过设置人工湖和利用洼陷区域，可保证城市具有足够的城市蓄洪空间。

(2) 建造削减城市面污染、雨水资源化的城市地表。下垫面是降雨受水面的总称，包括屋面、地面、水面等。开发前，下垫面多为农田、林地、草地，雨水易入渗土壤，补充地下水。开发后，林地、农田、草地等透水面被改造成为各种硬化面，如建筑屋面、道路、广场、停车场等，雨水入渗量大幅度减少。城市表面的污染物，如垃圾、污渍等进入城市径流，导致城市径流的面污染。城市雨水系统要考虑利用城市水土保持措施削减城市面污染，促进雨水资源化。通常的措施是利用水土保持措施在雨水流动的过程中拦截垃圾，土壤参与净化、下渗、存储雨水（案例详见 4.2 小节关于北京亦庄 27 号生态停车场的内容）。

(3) 培育城市所需的植被，打造城市生态系统。城市开发过程是改变植被的过程。前些年，中国一些城市大搞城市美化，直接将郊野、外地的树木移植到城市，俗称“大树搬家”，可见这些城市没有重视苗圃建设，储备城建所需的苗木。树木需要一定的生长期限才能满足城市绿化、美化的要求，一般在城市规划实施初期就建设城市苗圃，培育适合城市绿化和空间功能的植被。与郊野的绿化不同，城市植被要满足创建适宜的人居环境，避免工业废气、立地空间不足等负面影响。

(4) 再利用、消解城市建设过程中的“副产品”。城市开发过程中产生的建筑垃圾、渣土需要再利用，避免侵占绿地、林地，形成非法的垃圾填埋场，污染地下水。例如，首钢在拆除的过程中，将水泥作为道路的骨料进行再利用，效果显著。

3.2.3 城市水土保持规划和实施

城市建设是先规划后实施，要对实施效果进行评估，再改进、修正规划，如此反复渐进。

（1）国土规划和实施体系。中国现行的国土空间规划、监督、实施工作应遵循2019年5月发布的《中共中央、国务院关于建立国土空间规划体系并监督实施的若干意见》，简单归纳为“五级三类四体系”。

“五级”是从纵向看，按照行政管理体系分五个层级：国家级、省级、市级、县级、乡镇级。其中国家级规划侧重战略性，省级规划侧重协调性，市级、县级和乡镇级规划侧重实施性。

“三类”是指规划的类型，分为总体规划、详细规划、相关的专项规划。总体规划强调的是规划的综合性，是对一定区域，如行政区全域范围涉及的国土空间保护、开发、利用、修复做全局性的安排。详细规划强调实施性，一般是在市级、县级以下层面组织编制，是对具体地块用途和开发强度等作出的实施性安排。详细规划是开展国土空间开发保护活动，包括实施国土空间用途管制、核发城乡建设项目规划许可等各项建设的法定依据。在城镇开发边界外，将村庄规划作为详细规划，进一步规范了村庄规划。相关的专项规划强调的是专门性，一般由自然资源部门或者相关部门组织编制，可在国家级、省级、市级、县级层面进行编制，特别是针对特定的区域或者流域，其是为体现特定功能而对空间开发保护利用作出的专门性安排。

（2）城市水土保持规划作为专项规划并实施。按照国土规划和实施体系，城市水土保持可对应同一行政层级的总体规划、详细规划编制专项规划，作为单独工程或附属工程予以实施。

（3）国土规划的实施主体。城市建设按照实施主体可分为城市基础设施工程和建筑工程两大类，前者的主体主要是政府，后者的主体主要是企业。按照城市开发的流程，政府组织编制城市总体规划、控制性规划、专项规划。规划后，政府开始进行城市基础设施工程，新区进行拆迁、一级开发，建成区也有城市更新的流程。企业按照规划条件、规划批复组织建筑工程组织落实概念设计、初步设计、施工图编制、施工、竣工、运行维护等工作。

3.3 城市规划与实施的要点

水土保持是水利部门的职责，城市管理是城建部门的职责，城市水土保持是两个部门高度协作的领域。在一些地方，城市水土保持和水利工程要优先，指导城市规划与实施。例如，荷兰是地势低洼的国家，强调水利工程影响整个城市的结构状态，城市的形态有堤镇、坝镇、圩田镇。苏州工业园区是中国和新加坡合作开发的，采用全面垫高、扩大内部蓄水空间的方法，大幅度提升城市防洪防涝的能力。开展城市水土保持工作首先要了解城市规划与实施的要点。

3.3.1 城市规划的内容

（1）政府组织的空间安排。现行《中华人民共和国宪法》第十条规定“城市的土地属于国家所有”。在中国，城市规划是由政府组织编制的。城市规划的目标首先是确定空间范围，对城市空间进行功能分类。例如，1933年国际现代建筑协会（CIAM）通过的《雅典宪章》将居住、工作、游憩和交通作为现代城市的四大功能；提出职住平衡，减少交通用途，在一定规划范围内居民中劳动者的数量和就业岗位的数量大致相当，调整不同用地和建筑面积的规划指标。

(2) 空间层次与层级管控。城市规划是按照空间层次实现“致广大、尽精细”的目标，并配置相应的行政权力，分为城市总体规划、详细规划，服从上一层级的国土及区域规划。

(3) 资源的开发、利用和分配。城市规划是将各种方案进行比选而产生的，比选是自然资源、经济资源优化的过程。有的城市是因煤炭、钢铁、石油等资源丰富而建立，有的城市是因处以交通要道而建立。产业规划是城市规划的重要内容。

(4) 长期性与定期调整。城市规划具有长期性，城市总体规划具有 10～20 年的规划目标年限，通过定期的规划评估反馈规划的执行情况，调整规划的实施措施。城市规划的长期性基于规划编制时对未来发展的预测，人类认知的缺陷必然导致预测结果的不可靠，需要定期调整。好的规划要盯住科技、经济、社会的变化。

(5) 城市空间是各种功能交叉的空间。城市绿地日常满足休憩、娱乐之需，紧急情况下作为避难的场所；城市绿地可以消纳建设开发过程中产生的土方；城市道路可以在极端天气情况下承担行洪功能。

3.3.2 城市规划的实施

(1) 分区分阶段。城市规划是将城市分为多个区域，分区分阶段开发。规划的起步区不仅要建设规划区内的城市基础设施，而且要建设接入规划区的城市基础设施。分区建设保证了政府的财政实力、经济发展与城市建设的匹配。

(2) 土地一级开发。土地一级开发是指由政府或其委托授权的企业，在政府核定的范围内，对国有土地或村镇集体土地进行统一征收、拆迁、安置和补偿，并根据土地利用规划建设一定标准的城市基础设施，如“九通一平”（“九通”为通市政道路、雨水、污水、自来水、天然气、电力、电信、热力和有线电视，“一平”为土地自然地貌平整），在满足城市基础设施建设项目开发、运行的条件下，对开发范围内的土地进行有偿出让或转让的开发过程。城市基础设施的建设先于一般建设项目。

(3) 建筑工程。城市详细规划，对地块开发设定规划条件，建筑工程按照规划条件进行设计、施工、验收。

3.4 与城市水土保持规划相关的城市各专项规划

城市空间是多功能相交的，城市水土保持规划要与城市各专项规划交叉才能保证规划的可实施性。

3.4.1 城市土地利用专项规划

城市土地利用专项规划是对土地利用的安排。首先将规划范围内的所有土地划分为建设用地和非建设用地。其次，确定可建设用地范围内所有土地的用途、强度（建筑密度、容积率)、建设形态（后退红线、建筑高度等）。《城市用地分类与规划建设用地标准》(GB 50137—2011) 中城市用地共分为 8 大类、35 种类、42 小类。8 大类用地为居住用地、公共管理与公共服务设施用地、商业服务业设施用地、工业用地、物流仓储用地、

图 3.1 北京 SOHO 广场的负一层

道路与交通设施用地、公共设施用地、绿地与广场用地。不同用地产生的土方量不同，如居住用地、公共管理与公共服务设施用地、商业服务业设施用地多，工业用地、物流仓储用地、道路与交通设施用地少，可根据城市土地利用规划推算出城市开发过程中产生的土方量，进一步根据城市土地利用分布图确定土方消纳的地方。

由于城市土地价格昂贵，开发商加大地下空间开发利用，如北京 SOHO 的负一层是广场（图 3.1），居住区以地下车库为主解决停车问题；北京大兴机场的临空经济区编制地下空间规划。城市地下空间开发增加，由此产生的土方量大幅度增加。

3.4.2 城乡建设用地竖向专题规划

城市建设用地的地面高程在开发前后会发生巨大的变化，这种变化和城市开发过程中的土方利用有关。例如，城市开发过程中余方富余，则可采用全区垫高的方案来提高城市防洪水平。

城乡建设用地竖向规划遵循的基本原则为：①安全、适用、经济、美观；②充分发挥土地潜力，节约集约用地；③尊重原始地形地貌，合理利用地形、地质条件，满足城乡各项建设用地的使用要求；④减少土石方及防护工程量；⑤保护城乡生态环境，丰富城乡环境景观；⑥保护历史文化遗产和特色风貌。

城乡建设用地竖向规划的主要内容为：①制订利用与改造地形的合理方案；②确定城乡建设用地规划地面形式、控制高程及坡度；③结合原始地形地貌和自然水系，合理规划排水分区，组织城乡建设用地的排水、土石方工程和防护工程；④提出有利于保护和改善城乡生态、低影响开发和环境景观的竖向规划要求；⑤提出城乡建设用地防灾和应急保障的竖向规划要求。

城乡建设用地竖向规划为城市规划范围内的填方区和挖方区的设置提供了支持，而且可以通过城市洪水风险图和土方利用的布置大幅度提高城市防洪与内涝治理的水平。

3.4.3 城市排水（雨水）系统专题规划

城市排水（雨水）系统分为雨污分流制、雨污合流制，进而分为污水排除系统、雨水排水系统和雨污合流系统。新建区域一般采用雨污分流制。老、旧建成区存有一定数量的雨污合流系统，一般在城市更新时改为雨污分流制。

在降雨大的情况下，城市道路承担城市排水功能。例如，美国的排水系统一般是 10 年一遇以上的排水由道路承担，而且其道路纵坡和断面有按照城市道路行洪要求的设计。我国的《城镇内涝防治技术规范》（GB 51222—2017）中规定“城镇易涝区域可选择部分道路作为排涝除险的行泄通道”。

城市河道是城市排水（雨水）系统的重要部分，也是市政、水利、环保等部门工作的“交叉点”。从洪涝角度说，城市河道可以分过境河道和城市内河（内湖）。在城市建设过程中，城市内河（内湖）经常为其他用地侵占，导致城市洪涝灾害严重。为此，城市规划有蓝线规划，确保城市河道的空间。

3.4.4 城市绿地专题规划

城市绿地是构成城市开敞空间系统的主体，为市民提供休息、娱乐的活动空间，维护城市生态环境，提供防灾避险的场所。从城市水土保持角度说，城市绿地是理想的土方平衡场所，而且可以与城市建设同步实施水土保持措施。在城市绿地内可以挖方取土、消纳土方、临时转运土方。例如，日本莫埃来沼公园位于札幌市东北部，占地 188.8hm^2，作为城市绿色资源基本规划的综合利用工程，公园在建设过程中实现了 3 个功能：①作为填埋废弃物的处理场所；②消纳公共工程的弃土，约 10hm^2 的用地所需填土来自 20 多年期间市内公共工程的弃土；③部分空间作为雨水调蓄空间。北京园博园的锦绣谷选址区域曾经是永定河河道的一部分，由于 20 世纪八九十年代挖沙，逐渐成为建筑垃圾消纳场，有一个建筑垃圾填埋面积达 140hm^2 的大沙坑。锦绣谷项目充分利用原有地形，在设计建设中，其 20m 高差被调整为逐层下落的台地形式，并利用这些台地布置展园，打造成了花团锦簇的下沉式花谷。在农地、林地转变为城市用地的过程中，农地、林地可以临时作为城市苗圃。公园中的水系统作为城市雨水系统的一部分，尤其是洪涝严重的区域，公园可作为蓄滞洪区。

3.5 城市水土保持规划的主要内容

3.5.1 规划概况

（1）自然环境概况。主要包括地形与地貌、气象与水文、土壤与植被。

（2）城市用地规划及相关的绿地规划、水系现状与规划。城市用地规划标明规划范围内各种用地类型，包含用地面积、建筑面积、限高等参数。值得强调的是，中国现行的城市用地规划对城市防洪防涝的用地预留少，这是近些年城市看海的主要原因。用于防洪防涝的土地应当利用洪水风险图选择合理的位置和占地规模，如美国采用洪水风险图设置城市公共调蓄区。规划区周边城市用地规划、绿地规划也可以作为水土保持规划的支持文件。如北京市绿色廊道规划的用地主要在水系和环路附近，是合理的土方就地调配的场所，可跨区合作配置土方。

（3）水土保持现状与规划执行情况。水土流失现状、水土保持规划执行情况可通过遥感和项目竣工资料整理获得。项目竣工资料包含项目的权属信息，可以认定水土流失的责任人。

（4）总体规划要点。包括功能分区、主要建设内容、经济技术指标、重点需求、实施时序及进度安排、存在问题及建议。

3.5.2 水土保持分析与评价

（1）水土保持制约性因素分析与评价。

（2）占地分析与评价。

（3）土石方平衡分析与评价。包括表土保护、规划中的土石方平衡分析与评价、弃土处理方案。

（4）竖向布置分析与评价。包括竖向布置设计方案分析与评价、地形控制建议方案。

（5）具有水土保持功能的工程的分析与评价。包括已建区水土保持措施的分析与评价、在建区已设计的水土保持措施的分析与评价、未建区规划设计中具有水土保持功能的工程的分析与评价。

（6）分析评价结论。

3.5.3 水土流失分析与防治

（1）水土流失分析。

（2）水土流失防治责任范围及防治分区。包括水土流失防治责任范围及防治责任者、水土流失防治分区。

（3）防治标准及目标。

（4）水土流失防治方案。包括市政公建工程防治区、建设项目防治区、临时施工防治区、取土弃土（渣）场防治区防治方案。

（5）水土保持监测。包括监测范围及时段、监测内容、监测方法与频次、监测成果。

（6）投资估算。包括编制原则、基础单价与相关费率、投资估算编制、估算成果。

3.5.4 各类项目水土保持指标与措施配置方案

（1）各类项目水土保持指标。

（2）措施配置方案。措施配置方案采用城市用地规划的分类标准分为工业、多功能、居住、公建、市政、绿化、道路广场等，体现用地与水土保持配置方案的相关性。

3.5.5 方案实施保障措施

（1）经费保障措施。

（2）水土保持方案编制。

（3）水土保持初步设计。城市水土保持措施通常是建筑、市政工程的附属工程。水土保持措施要落地就须遵循建筑、市政工程建设程序。现在，许多建设项目的城市水土保持方案没有落实，原因在于没有进一步的水土保持初步设计，导致水土保持方案无法融入到建筑设计方案中。水土保持方案没有作为设计方案的一部分，也会影响后续的监理、监测。

（4）水土保持监测与监理。一些水土保持监理可以由市政、建筑施工监理来承担。

（5）水土保持设施自主验收。

（6）水土保持措施效果后评估。包括水土流失状况动态监测评估、水土保持设施运行效果评估、水土保持设施运行管护情况。

3.5.6 监督管理

（1）加强跟踪检查。

（2）实行信用监管。

（3）动态数据监管。

3.5.7 建设项目水土保持工作指南

水土保持规划需要通过一个个建设项目落实，为此，规划应当编制配套工作指南。

（1）全过程指导。工作指南提供水土保持方案、初步设计、监测与监理、竣工验收等环节的范本。范本有利于工作的标准化。从信息化的角度说，文本尽可能采用表格，并给出数据出处和计算公式。

（2）向建设单位、编制单位、设计单位表明本行政区的特殊要求。城市对水土保持的特殊要求可以通过指南告诉各参与单位，例如，北京亦庄是低洼地区，由于城市道路建设早，高程偏低，城市水土保持要求建筑工程室外场地高程与城市道路高程保持1m高差。

（3）范本促进信息化推广。各行各业推行信息化，一个难点是原始数据散乱、不一致，数据采集成本高。范本是为数据录入提供标准化的基础。各个阶段的范本有利于实施建筑信息模型（building information modeling，BIM）管理，单个项目汇入到系统中便形成了信息自下而上的管理流程。

3.6 城市水土保持规划的编制技术

3.6.1 城市洪水风险图

（1）城市洪水风险图的起源。1968年之前，美国防洪政策注重工程措施防洪。20世纪初期，随着科学技术在建筑材料强度、建筑物负荷与压力关系、大坝基础设计、水流效能等方面的发展，建造超过30m高度大坝的时机日趋成熟，大坝高度迅速提高。1911年，美国修建了85m高的罗斯福大坝；1915年，修建了106m高的阿罗罗克坝，保持了17年记录；1932年，修建了221m的胡佛大坝。1932年，美国出台《防洪法》，开始新建、加固加高大坝，让水库承担防洪功能，助长了“堤防万能”的政策。1955年，加利福尼亚州和美国东北部发生的台风和洪水导致了1956年的联邦《洪水保险法》的通过，促使联邦政府为洪水灾害提供保险，开启非工程防洪与灾害援助措施的研究。

1968年，美国颁布了《国家洪水保险法》，以此为依据，联邦政府开始涉足土地利用规划，由工程防洪阶段转向非工程防洪阶段。《国家洪水保险法》确定的土地利用与管理总原则如下：

1）采取措施限制洪水风险区的开发。

2）引导拟建项目避开洪水风险区。

3）协助减轻洪水破坏。

4）采取其他长期改善洪泛区土地管理与利用的措施。

《国家洪水保险法》有两个缺陷：①自愿参加；②缺少洪水保险费率图。于是1973年，美国通过了《洪水灾害防御法》，强制推行洪水保险，要求所有受洪水威胁的社区无条件参加。在这样的政策要求下，美国国土空间依照洪水风险图设立洪水淹没区，并配套洪水保险。今天的美国，除了少数未开发区域没有编制洪水风险图外，大部分国土均有洪水风险图，公众可以在美国联邦紧急事务管理署（federal emergency management agency，FEMA）网站上查询到项目所在街道的100年一遇降雨情况下洪水淹没深度。

（2）洪水风险图的内容。洪水风险图的重要性体现在城市选址、城市竖向、城市用地布局、城市大排水通道、城市内涝调蓄区、城市蓄洪区、河道分洪区等多个方面。

洪水风险图有两项主要内容：①城市道路和两侧建筑的高程关系，美国规定建筑物底层高程应大于城市道路的100年一遇洪水淹没深度，临海的地区要加上一定浪高，而特定用途的防洪标准可以提高，如公共交通采用200年一遇防洪标准；②划定城市洪水淹没区，配置雨水调蓄设施。

3.6.2 土方平衡与洪水风险评估的联动分析

在实际工作中，因职责分工不同，城市竖向、城市防洪防涝规划、土方利用工作常常脱节。为了避免这种情况出现，在城市总体规划阶段，规划、市政、水务等部门应当开展土方平衡与洪水风险评估的联动分析，并编制城市土方倒运和消纳方案。

（1）土方量计算。根据规划区的各类建设占地面积、建筑类型、建筑面积、地下空间建筑面积、绿地率、室外场地高程等因素，计算出建设过程中产生的土方量和回填量，余方尽可能在规划区内就地平衡。另外，规划区域内公园、集中绿地、滨水地区等公共绿地，可以作为土方调配的地区。按照城市竖向和用地布局塑造地形安排：市政工程、建筑工程的土方是余方，公共绿地作为土方的消纳场地，堆山造景；市政工程、建筑工程的土方是亏方，公共绿地作为土方提供场地，挖湖取土。

建筑工程挖方系数计算见表3.1，规划区挖方总量计算见表3.2。

表3.1　建筑工程挖方系数计算表

用地类别	审批数量/个	用地面积/hm^2	挖方总量/万 m^3	挖方系数/(m^3/m^2)
工业用地	52	178.90	252.50	1.411
多功能用地	11	65.36	196.92	3.013
公建用地	3	20.19	55.03	2.726
市政用地	1	2.50	3.53	1.412
居住用地	8	85.34	446.49	5.232

注　数据引自北京亦庄路东区水土保持规划。

表3.2　规划区挖方总量计算表

用地类别	规划用地面积/m^2	挖方系数/(m^3/m^2)	挖方量/m^3
工业用地	2495740.09	1.411	3521489.27
多功能用地	1113836.6	3.013	3355989.68
公建用地	258080.4	2.726	703527.17
市政用地	11541.24	1.412	16284.69
居住用地	607734.95	5.232	3179669.26
总计	4486933.28		10776960.07

注　数据引自北京亦庄路东区水土保持规划。

（2）土方就地平衡与开发后的高程。按照城市防洪和内涝治理标准确定河堤、城市道路、建筑工程室外场地等地面高程。河堤高程一般要满足特定的洪水水位加超高，如100年一遇洪水标准加超高。城市道路高程控制城市地面坡度，并满足合理的道路行洪方向，与内涝治理区连通。建筑工程室外场地按照内涝防治标准与城市道路保持一定的高差关系。利用数字高程模型（digital elevation model，DEM）计算出土方就地平衡所形成的城市地面坡度。如果土方就地平衡形成的城市地面坡度达不到城市防洪、防涝标准，可以规划水域、蓄洪区、内涝治理区，建设内湖和内河，开挖的土方用于塑造城市地面坡度，保证开发后的高程达到防洪、防涝的要求。

（3）根据洪水风险图确定城市竖向的合理性。与城市地表高程的基本关系，从大到小依次是建筑工程室外场地，城市道路路面，部分集中绿地、部分公园的地面、城市雨水调蓄空间的蓄水位，河湖的洪水水位。城市道路工程是城市坡度的控制性工程，其他管线工程随道路建设。规划区内各个地块根据地块内的项目性质确定与城市道路的高差，如医院、学校、配电站等城市生命线设施和应急场所应当具备高等级的防洪标准和高程。城市道路高程是否合理可由城市洪水风险图验证，城市道路在极端天气下是大排水的通道和蓄涝区。

3.7 城市水土保持规划的实施

3.7.1 土地一级开发阶段

政府主导土地一级开发阶段，城市雨水系统中由政府承担建设责任的工程主要在这个阶段完成。

(1) 主要内容。城市规划最初实施的工程是拆迁、安置、土地一级开发。拆迁会产生大量建筑垃圾，导致大量树木移植，可以将建筑垃圾和今后建设产生的土方需要共同处理，树木移植后可以作为水土保持植被。土地一级开发基本建设包括城市道路、自来水、再生水、雨水、污水、电力、燃气、电信、热力、绿化等项目。

(2) 确立城市竖向的基准。基于防洪防涝的要求，居住、商业、工业等建设项目室外场地高程大于道路高程，道路高度大于公园场地高程。土地一级开发阶段实施了城市道路和市政管线，也落实了城市竖向的基准，此后单个项目会按照周边的道路和市政管线的高程确定项目内部各项工程的高程。

(3) 设立土方、建筑垃圾消纳和转运场所。在土地一级开发阶段要确定土方、建筑垃圾消纳和转运场所，以实现建筑垃圾和渣土的无害化处理，也为后续建设项目的土方和建筑垃圾处理提供公共的解决方案。按照土方就近合理平衡的原则，依照规划建设时序，分工程、分片区充分利用周围有利的取土和弃土条件进行平衡。必要时，可从规划的人工湖取土，保证道路等工程建设所需的土方。

人工湖的设置采取分区配湖的原则，即雨水分区内至少设置一个人工湖，或多个雨水分区共用一个人工湖，用于调蓄区内雨水（案例详见4.2小节关于北京亦庄博大公园的内容）。同时，土方可就近平衡。公园建设采取临时和永久两期建设方案。临时工程解决人工湖、土方调配和建筑垃圾消纳等问题，待一级开发内的建筑项目基本完成，再增加亭台楼榭、步道、娱乐等设施，达到公园使用的要求。

建筑垃圾无害化有多种方式。例如，拆除的水泥经过破碎后作为骨料，成为道路路基材料；建筑垃圾也可以变身为材料，为公园所消纳。北京世博园的场地原来就是建筑垃圾消纳场。这样在土方平衡时，建筑垃圾和土方可以一并处理，明清时期北京建造景山就是如此处理的。

3.7.2 建筑工程建设阶段

建筑工程水土保持主要通过建设项目水土保持工作指南控制和监督建筑工程水土保持方案的实施。重点关注以下几个方面：

(1) 建筑工程的防洪。建筑工程室外场地高程宜高于相邻城市道路的中心线高程，建筑项目雨污水管道的排水能力要与市政管网能力匹配。这样，在极端暴雨情况下，建筑项目的雨水、污水可以漫流到城市道路上排泄、避险。项目要尽量消化自身产生的土方，总体上看，建筑项目的坑基土会产生余方，依据规划应结合周边集中的绿地、公园或绿化隔离带就近利用余方，就地参与营造城市合理地形，减少土方消纳场占地。

例如，1992 年北京亦庄建区时，区城市道路规划高程偏低，这对雨水、污水的排除均有不利影响，后来补救的办法是在水土保持方案中要求建设项目提高场地高程。原则上讲，建设项目室外场地比城市道路保持 1m 高差，具体情况要根据洪水风险图和以往洪水淹没情况而定（案例详见 4.2 小节关于北京亦庄京东方研发与运营中心防洪设计的内容）。许多建设单位认清了潜在风险，主动提高场地高程。例如，北京亦庄出现过几次污水倒灌或排水不畅而导致污水渗入电力沟的事故，均是未提高场地高程的项目。从实施效果看，提高高程的项目达到了良好效果。

（2）土方就地平衡。城市水土保持规划要实现土方就地平衡，需要水务部门跟踪建设项目土方的去向，帮助建设项目土方实现合理化运用。例如，北京亦庄中信新城项目将相邻的集中绿地作为土方消纳地点，既减少了土方外运，又促进景观起到隔音降噪的作用（案例详见 4.1 小节关于北京亦庄中信新城的土方就地利用和公共绿地建设的内容）。又如北京亦庄建设的奔驰汽车厂，占地大，地势低，亦庄各建设项目的余方调配给该项目，并利用该项目的预留地存储土方［案例详见 4.2 小节关于北京亦庄奔驰前驱车型（MFA）厂区雨水系统与水土保持的内容］。

（3）雨水利用。北方缺水地区，建筑工程的雨水很难进入供水系统，简单的利用方式是就地下渗、绿化灌溉，此时，水土保持方案和景观工程融为一体（案例详见 4.2 小节关于北京亦庄北京市电力公司的内容）。

第4章　城市水土保持措施

根据《中华人民共和国水土保持法》（2021年修订版）、《生产建设项目水土保持技术标准》（GB 50433—2018）、《北京市水土保持条例》《海绵城市雨水控制与利用工程设计规范》（DB11/685—2021）、《北京市水土保持规划》等有关法律法规及规划要求，本章对表土资源保护与土方综合利用、城市径流调控与雨洪利用、城市生态修复与景观提升几方面进行阐述，通过优化水资源、表土资源、生态资源配置，构建自然和谐的水土流失防治体系。

4.1　表土资源保护与土方综合利用

《生产建设项目水土保持技术标准》（GB 50433—2018）规定，“项目全过程应控制和减少对原地貌、地表植被、水系的扰动和损毁，保护原地表植被、表土及结皮层、沙壳与地衣”等，并规定“弃土（石、渣）应综合利用，不能利用的应集中堆放在专门的存放地”等。相关技术要求及规定中，特别强调了表土保护措施及要求。

4.1.1　表土资源保护

表土剥离示意图如图4.1所示。技术要点及说明如下：

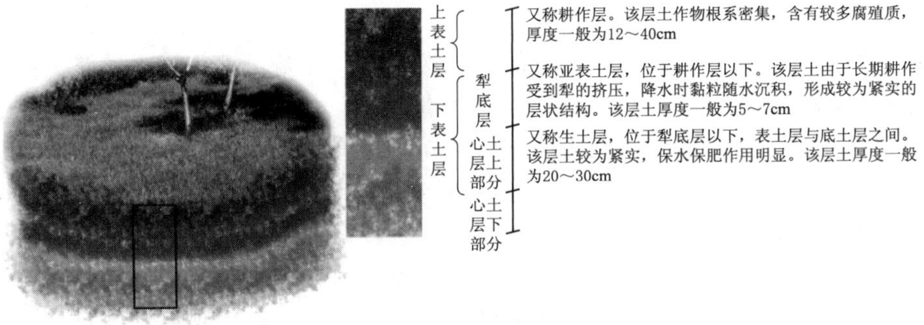

图4.1　表土剥离示意图

（1）表土层为土壤剖面的上层，该层土作物根系密集，含有较多腐殖质。长期耕作的土壤的表土层，可分为上表土层与下表土层。上表土层又称耕作层，下表土层包括犁底层和心土层上部分。表土层的厚度一般为20～40cm。

（2）剥离表土主要剥离上层表土中的耕作层，剥离的表土集中存放，堆存的表土应采取防护措施，如拦挡、苫盖和排水等。

(3) 施工结束后，应将表土回覆到绿地或复垦区域，但有剩余表土时，应明确利用方向，可用于复垦、植被恢复，也可用于其他区域的土地整治。

(4) 临时占地范围内扰动深度小于20cm的表土可不剥离，宜采取铺垫保护等措施。

(5) 应初步明确剥离表土的范围、厚度、数量和堆存位置，随剥随填，不能及时填的要明确堆存位置，应明确区分表土和工程槽土存放位置并有标识。

(6) 表土保护措施设计所需的基本资料包括：工程征占地范围内的土地利用资料、地形图；土壤及分部情况；复垦或植被恢复措施所需覆土厚度资料；可能利用表土的情况及相关资料。表土调查及综合利用图如图4.2所示。

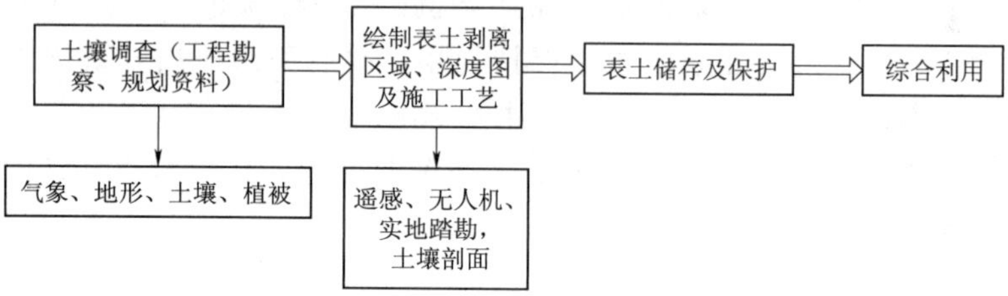

图4.2 表土调查及综合利用图

4.1.2 土石方平衡及综合利用

城市生产建设应结合三个阶段进行土石方平衡及综合利用，具体来说，应就城市生产建设项目区域规划阶段（土地一级开发阶段）、项目开发阶段（二级用地项目阶段）、市政设施平衡（市政调配阶段）三个阶段平衡一定规划区域范围内的土石方。

(1) 土地一级开发阶段的第一次平衡。结合规划范围内设计防洪水位、城市道路标高等指标，在土地一级开发阶段对区域土石方总量进行测算和竖向高程控制，结合集中绿地、公园或绿化隔离带等公共设施进行土方一次平衡消纳，并为二级用地项目预设土方综合利用、倒运中转场地。

土地一级开发阶段，土方竖向布置的优先次序为：建筑场地、城市道路、部分集中绿地（公园）、规划区周边的绿地（农田）、蓄滞洪区。

(2) 二级用地项目阶段的第二次平衡。建立生产建设项目土石方利用平台，建设项目取得规划许可证后，在平台系统上申报土石方挖、填利用总量及设计工期。项目间可通过利用平台，就近调配、协调，进行土石方平衡。工程余方可临时堆放于土地一级开发阶段预设的土方中转场地，借方项目可通过平台申报由中转场地借运回填土方。

二级用地项目阶段，土方利用应遵循的优先次序为：项目内平衡、项目间调运、土方中转场地。同时，施工组织设计应合理安排施工，避免多次开挖和多次倒运，减少裸露时间和扰动范围。

(3) 市政调配阶段的第三次平衡。市政调配宜在土地一级开发阶段开始，对区域内不同类型的项目进行划分，使公共绿地等大面积增加，最后改善整体环境，并兼顾临时土方堆存场所的功能。随着区域内生产建设项目的推进，土方堆存场的任务逐渐完成，结合其最终形态进行公园景观规划。通过土地一级开发阶段、二级用地项目阶段及市政调配阶段三个阶段的总量控制，基本实现一定区域规划范围内的三次土石方平衡。

市政调配阶段，土方控制原则为：平衡建设开发过程中的土方，就地参与营造城市合理地形，减少土方消纳场占地。

土方三个阶段平衡图如图 4.3 所示。

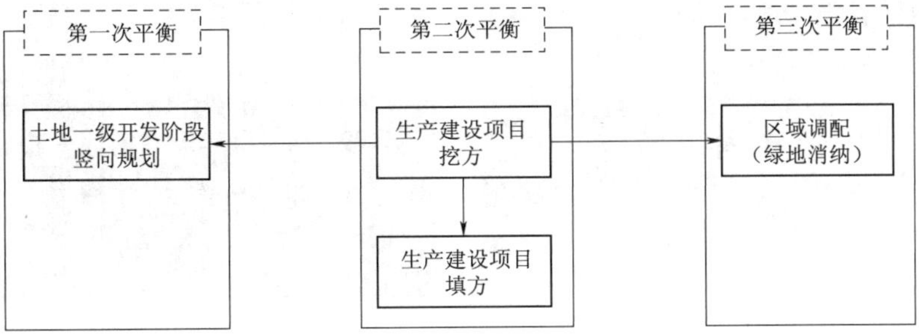

图 4.3　土方三个阶段平衡图

4.1.3　余方处理方案

根据《生产建设项目水土流失防治标准》（GB/T 50434—2018）的相关要求及对水土流失现状的分析，生产建设项目余方如何有效利用是减少水土流失的关键。优先处置次序为：自身利用、综合利用、合法消纳场。从单个生产建设项目来说，商业、办公和住宅等类型的项目因地下空间需求量较大，多存在余方，而市政基础设施建设项目因基本无地下空间需求，多为亏方项目。生产建设单位在处置余方过程中应首先考虑优化自身竖向布置，调整施工时序，充分利用自身挖方进行回填；其次结合土方运距、时序、占压场地等因素，考虑临近项目的综合利用；最后无法利用的土方应由正规的渣土消纳场所进行消纳，并且在土方运输过程中承担水土流失防治任务。

4.1.4　临时防护措施

水土保持土方管理阶段，临时措施是土方综合治理过程中的重要环节，临时防护措施包括洒水降尘、临时排水、设置临时洗车池、建设临时沉沙池、临时苫盖、堆土防护、施工降水利用等。

（1）洒水降尘。工程建设期内经历大风扬尘天气，应对施工道路及裸露地表采取洒水降尘措施，具体可结合项目规模采用多功能抑尘车、围栏、喷雾炮、洒水车、施工降水利用等。洒水降尘措施如图 4.4 所示。

（2）临时排水。工程建设期场地内应设置有临时排水设施，避免降雨造成漫流。临时排水可根据项目特点采取人工夯实内衬塑料布、浇筑混凝土、预埋排水管等方式。例如临时排水沟，末端应设有沉沙池，对施工期雨水进行沉沙处理，避免淤堵市政管网。临时排水沟如图 4.5 所示。

（3）设置临时洗车池。生产建设项目施工出入口处需设置洗车池及配套的沉沙池，对施工进出车辆进行清洗，避免渣土随车辆夹带进入市政道路，淤堵周边雨水管网，降低河道行洪能力。临时洗车池如图 4.6 所示。

（4）建设临时沉沙池。在生产建设项目施工出入口洗车池的周边配套建设沉沙池；同时，在生产建设项目内设置堆土场，临时堆土场在排水沟处顺接设置临时沉沙池。临时沉沙池一般为混凝土现浇而成，以防渗漏破坏，外形和尺寸可根据常规设置为：矩形，池厢

(a) 多功能抑尘车降尘　　(b) 围栏微喷降尘

(c) 喷雾炮降尘　　(d) 洒水车降尘

图 4.4　洒水降尘措施

图 4.5　临时排水沟

长 3.0m，底宽 1.5m，深 1.0m。沉沙池可分为永久沉沙池和临时沉沙池，临时沉沙池如图 4.7 所示。

(5) 临时苫盖。施工期裸露地表需进行苫盖，避免雨水冲刷加剧水土流失，减少扬尘。苫盖可采用防尘网、土工布等，或采取铺石子等方式。临时苫盖如图 4.8 所示。

(6) 堆土防护。在保障施工安全的前提下，生产建设项目应将工程挖方集中堆放并做

图 4.6 临时洗车池

(a) 临时沉沙池全貌

(b) 排水沟末端的临时沉沙池

图 4.7 临时沉沙池

(a) 防尘网苫盖

(b) 地表苫盖

图 4.8 临时苫盖

好临时防护措施。堆土场应做好苫盖、排水、拦挡等措施，结合土石方堆放时间可采取撒草籽等临时绿化措施，对原有表土提前进行剥离存放。堆土防护如图 4.9 所示。

(7) 施工降水利用。结合地勘报告，应对可能存在施工降水的项目采取止水帷幕结

(a) 苫盖

(b) 绿化

图 4.9 堆土防护

合疏干井的方式进行降水论证或专家论证，抽取的地下水应回用。施工降水利用如图 4.10 所示。

(a) 施工降水蓄水池

(b) 施工降水

图 4.10 施工降水利用

4.1.5 典型案例

中信新城项目位于北京亦庄鹿华路 2 号，建于 2012 年，属于居住类项目，占地面积为 18 万 m^2，建筑面积为 39 万 m^2，绿化率为 30%，容积率为 2.15。项目南侧、西侧具有 30m 宽公共绿地。在项目水土保持方案阶段，专家提出了利用施工过程中的土方修建街边公园的建议，其优点如下：

(1) 降低噪声对居住区的影响。项目南侧的道路是城市干路和货运通道，噪声限值为 70dB，居住区限值为 55dB，一般 10m 宽的绿地可降 10dB。土方营造突起的地形、种植高大乔木，强化了降噪声功能。

(2) 阻挡四周的尘土对居住的影响。

(3) 为居住区提供了高品质的附属公园。

(4) 项目是高层建筑，项目内部公共绿地日照面积小，街边公园增加了室外采光的去处。

(5) 公共绿地成为街边公园，虽然是开放的公园，但是带有专属性质，其他人少有涉足此地。

(6) 街边公园先于项目完成，体现了开发商的诚意，利于销售。

(7) 节省土方外运的资金用于公园建设，只需新增部分投资。

开发商采纳了建议，与政府签订绿地认建认养协议，即开发商负责公共绿地的建设，并负责一定时期的养护，再移交给政府。这样，项目施工过程中产生的土方堆放公共绿地，堆山造景，建成为街边公园，减少了施工过程中的水土流失量。公园内池塘收集雨水，减少外排。小区和公园设专用通道，业主可刷卡进入公园，公园内部设置游乐设施。公园先于房屋竣工，带动房屋销售。

中信新城项目修建的街边公园如图 4.11 所示，公园内的水系与凸起的地形和高大乔木起到隔声、阻挡尘土的作用。

图 4.11　中信新城项目修建的街边公园

4.2　城市径流调控与雨洪利用

《北京市关于加强新时代水土保持工作的实施意见》(京政办发〔2024〕6 号) 明确了水土保持是防治水旱灾害的重要措施，是保护水土资源、保障水安全、改善生态环境的基础性工作。为深入贯彻习近平生态文明思想，认真落实习近平总书记“节水优先、空间均衡、系统治理、两手发力”治水思路，坚持山水林田湖草沙一体化保护和系统治理，北京市立足自身自然资源禀赋、山水格局和发展阶段，以预防保护为主线，以改革创新为抓手，以监测评价为手段，全面提升水土保持综合功能和生态产品供给能力，为保障首都水安全、建设美丽北京提供更加坚实的支撑。

城市水土保持当前面临的挑战主要包括频繁的人类活动、高强度的开发建设，其导致原地貌与原生植被遭受严重破坏，硬化地面占比变大，径流系数增高，以及城市面源污染问题日益严峻。因此，城市水土保持工作的核心在于如何有效遏制水土流失，促进水土资源的合理利用，并确保其可持续利用，以支撑城市的可持续发展。为实现这一目标，需通过城市规划和建设管理的手段，将城市建设项目细分至不同区域单元。通过改良下垫面条件，优化雨水在时间和空间上的分布，建设一系列雨水控制与利用设施，并结合生态措施，来减缓水流在坡面上的流速及其对地表的冲刷强度。这一系列举措旨在实现地表径流的合理集中与分散，进而对其进行综合开发利用。

径流调控体系是运用一系列聚散工程，改变坡面径流的运行过程，削弱径流量及其流速，减轻水土流失，同时在时空上对降水进行有限的人工调节，使宝贵的降水资源得到充分、合理和有效的利用。

4.2.1 北京市水土保持规划

根据《北京市水土保持规划》，结合北京市主体功能区特点，将全市划分为地表水源涵养区、地下水源涵养区、城市径流控制区及土壤侵蚀控制区四个功能区，分别提出分布范围和关键措施。《北京市水土保持规划》功能分区见表 4.1。

表 4.1 《北京市水土保持规划》功能分区

功能分区	分布范围	关键措施
地表水源涵养区	位于北京市北部和西部，面积为 6322km²，占全市总面积的 39%，涉及 320 条小流域；是分布有密云、官厅、怀柔、白河堡、十三陵、斋堂、北台上、遥桥峪、大水峪和半城子等水库的地表水源地，是保障北京市生态安全和涵养水源的重要区域	①在 25°以上陡坡区域以及崩塌、滑坡危险区和泥石流易发区划定生态红线，以预防保护为主，采取封禁治理和生态修复措施；②在 25°以下生产生活区实施“五同步”（污水同步、垃圾同步、厕所同步、环境同步、河道同步）治理；③通过在河道、水库周边因地制宜建立植被缓冲带，改善河流、水库水质，保护地表水源；④采取小流域治理措施
地下水源涵养区	位于北京市山前冲积扇和中心城外围平原区，面积为 3714km²，占全市总面积的 23%，涉及 307 条小流域，分布有怀柔、密云、昌平、房山、丰台、海淀、平谷及顺义等地下水源保护区；地下水严重超采区面积达 893km²，一般超采区面积达 981km²，是保障本市水源安全的重要区域	①在地下水源保护核心区内，依法禁止建设除取水构筑物和生态建设配套设施以外的建筑物，依法禁止一切污染或者可能污染水源的建设项目与行为；②地下水源防护区内，依法严格限制建设储存液体化工原料或者有害物质的地下工程设施；③实施建设农田缓冲过滤带、进行农田面源污染防治及生态修复等措施，控制水土流失及面源污染；④在村镇人口集中区实施“五同步”治理，建设生态清洁小流域；⑤沟道周边实施空间拓展，建设湿地、雨水滞蓄调节设施，拦截污染，净化水源
城市径流控制区	位于北京市平原中心地区，面积为 2845km²，占全市总面积的 17%，涉及 263 条小流域，包括中心城及新城地区，是保障防洪、排水安全的重要区域	①落实水土保持法律法规，减少地表径流，合理利用雨水资源；②合理规划中心城和新城地区生产建设项目竖向配置；③实施创建微地形、湿地、集雨式绿地、透水地面、雨水调节池及控制城市面源污染等措施，建设平原区生态清洁小流域；④建立城乡统筹的雨水收集系统，形成统一的水生态基础设施自然保护系统，有效利用雨水资源，治理后的生态清洁小流域达到海绵城市径流排放要求
土壤侵蚀控制区	位于北京市西部及东北部山区，面积为 3529km²，占全市总面积的 21%，涉及 195 条小流域，地形以中山、低山和低山丘陵为主，是保障本市生态安全的重要区域	①禁止随意取土、挖沙及采石等人为活动；②相关部门建立联动机制，建立山洪泥石流预警平台；③以土壤侵蚀及面源污染防治为重点，加大生态修复力度，建设生态清洁小流域

综上，四个功能分区涉及 1085 条小流域，均需组合不同措施进行综合治理，生态清洁小流域建设作为径流调控的最小单元，治理区域不同，径流调控措施组合不同。地表水源涵养区最大限度地对原有的河流等生态敏感区域的生态进行保护，形成预防保护区。地

下水源涵养区实施建设农田缓冲过滤带、进行农田面源污染防治及生态修复等措施，对其进行生态恢复和修复工作。土壤侵蚀控制区加大生态修复力度，建设生态清洁小流域。

城市径流控制区在北京市平原中心地区，即中心城和新城，建立城乡统筹的雨水收集系统，形成统一的水生态基础设施自然保护系统，有效利用雨水资源，治理后的生态清洁小流域达到海绵城市径流排放要求。

4.2.2 城市径流控制措施

城市径流控制措施示意图如图 4.12 所示。

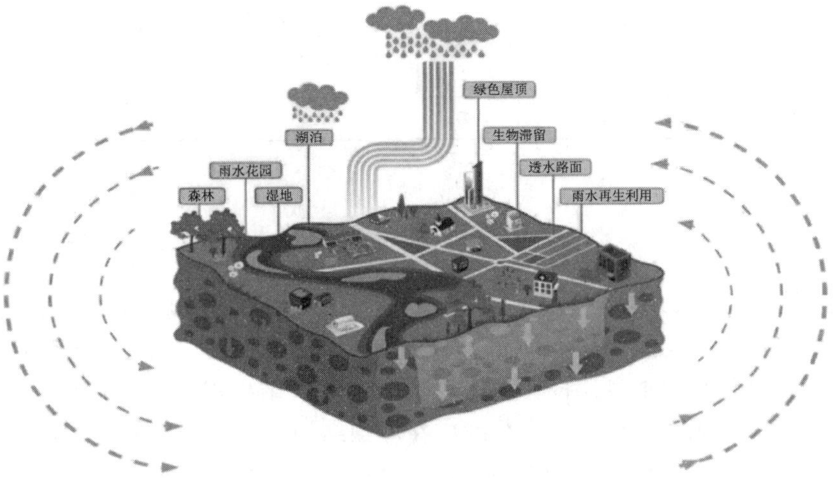

图 4.12 城市径流控制措施示意图

4.2.2.1 雨水收集及利用设施

城市径流控制区需要建立城乡统筹的雨水收集系统，形成统一的水生态基础设施自然保护系统，有效利用雨水资源，治理后的平原生态清洁小流域达到海绵城市径流排放要求。部分雨水收集及利用设施见表 4.2，主要径流调控措施如下：

表 4.2 **部分雨水收集及利用设施汇总**

分类	设施名称	功能					
		渗	滞	蓄	净	用	排
渗透技术	绿化屋面	●	●				
	透水铺装路面	●					
	植被（草）浅沟	●	●				●
	下凹式绿地	●	●				
	入渗井	●					
	渗透塘	●	●				
	生物滞留设施	●	●		●		
	生态护岸				●		
	植被缓冲带				●		

续表

分类	设施名称	功能					
		渗	滞	蓄	净	用	排
蓄持技术	调节塘		●	●			
	蓄水池			●		●	
	雨水湿地		●	●	●		
	雨水桶（罐）			●		●	
	线性蓄排管			●		●	●
转输技术	初期雨水弃流设施				●		
	溢流雨水口（井）						●
	渗透管（渠）	●					●

注 ●表示具备该功能。

（一）渗透技术

1. 绿化屋面

（1）分类及技术要点说明。①绿化屋面是指高出地面以上，底部及周边不与自然土层相连接的各类建筑物、构筑物等的顶部以及天台、露台上的绿化；②分为花园式屋顶绿化、简单式屋顶绿化和种植容器；③新建建筑绿化屋顶结构承载力设计应包括种植荷载，既有的建筑屋顶改造成屋顶绿化时，荷载应在屋顶结构承载力允许的范围内；④当基质层厚度不小于300mm时，径流系数宜为0.3～0.4；⑤当基质层厚度小于300mm时，径流系数宜为0.5；⑥种植屋面防水层满足不小于一级防水等级的设防要求，必须至少设置一道具有耐根穿刺性能的防水材料。

绿化屋面断面图及效果如图4.13所示。

（2）优缺点。①生态修复性良好，利于改变下垫面情况，降低地表径流；②园林景观及小品提高环境品质，改善人居环境，增强获得感；③竖向人均绿地面积增加，绿化率提高；④建设屋面绿化投入较高，需要选择安全性强、成本适中、后期养护成本低的方式；⑤安全性要求高，防渗水要求高；⑥植物选择要求高，需要抗倒伏能力强，耐淹、耐旱、抗寒能力强。

（3）适用性。①适用于屋顶具有种植荷载和防水能力的建筑物或构筑物；②符合《屋顶绿化规范》（DB11/T 281—2015）的相关规定；③绿化屋面设计应符合行业标准《种植屋面工程技术规程》（JGJ 155—2013）的有关规定；④种植屋面绝热层、找坡（找平）层、普通防水层和保护层设计应符合国家标准《屋面工程技术规范》（GB 50345—2012）、《地下工程防水技术规范》（GB 50108—2008）的有关规定。

2. 透水铺装路面

透水铺装路面包括透水砖路面、透水混凝土路面、彩色透水整体路面、嵌草砖路面、缝隙透水铺装、碎石透水铺装等。

（1）透水砖路面。透水砖路面铺装断面图及效果如图4.14所示。

1）分类及技术要点说明。①透水砖的透水系数不小于0.2mm/s，防滑性能上

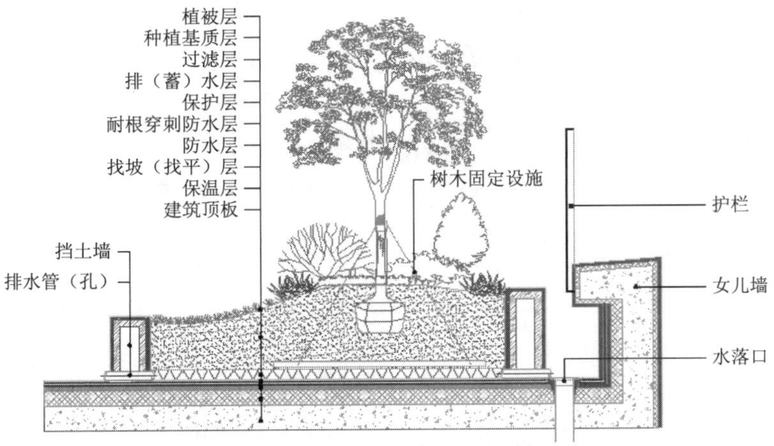

（a）断面图

（b）效果1：清华科技园屋面种植池（摄/张玉琴）

（c）效果2：清华科技园屋面绿化（摄/张玉琴）

图 4.13　绿化屋面断面图及效果

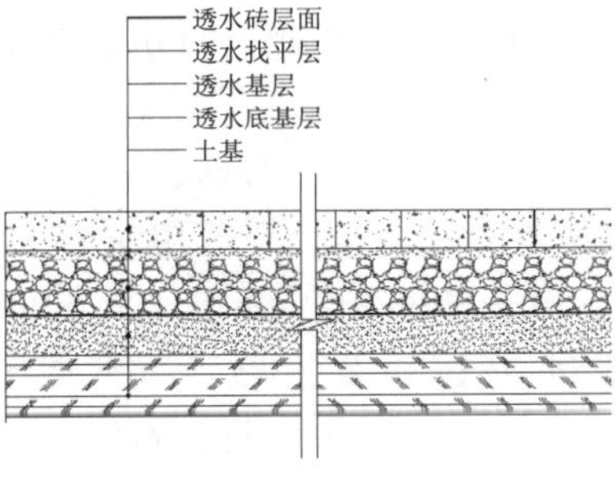

（a）断面图

（b）效果

图 4.14　透水砖路面铺装断面图及效果

BPN（British pendulum number）防滑值不小于 60，耐磨性能上磨坑长度不大于 35mm，抗冻等级寒冷地区为 D35，严寒地区为 D50；②透水砖路面铺装的透水率不能大于 5%；③抗压强度不低于 25MPa；④基础底座充分夯实且平整；⑤排水坡度不小于 2%；⑥按要求设置排水系统（排水管和检查井）；⑦透水砖铺设整齐并留有 3mm 以内间隙；⑧透水铺装设置在地下室顶板上时，顶板覆土厚度不应小于 600mm，并应设置排水层；⑨砖砌接缝填充透水砂浆，填充密实无空鼓。

2）适用性。适用于建筑与小区、线性工程等各种场景。

（2）透水混凝土路面。透水混凝土路面断面图如图 4.15 所示。

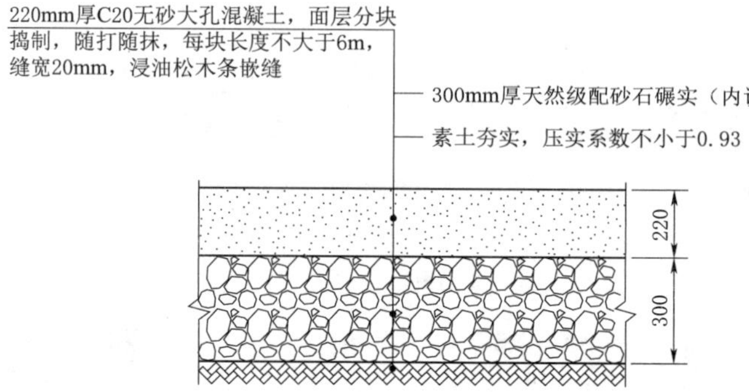

图 4.15　透水混凝土路面断面图（单位：mm）

1）透水混凝土路面结构形式。透水混凝土路面结构分为基层全透水结构（人行道、非机动车道、景观硬地）、基层半透水结构（承载 4t 以下的城镇道路、停车场、广场、小区道路）、基层不透水结构（承载 6t 以下的城镇道路、停车场、广场、小区道路）。

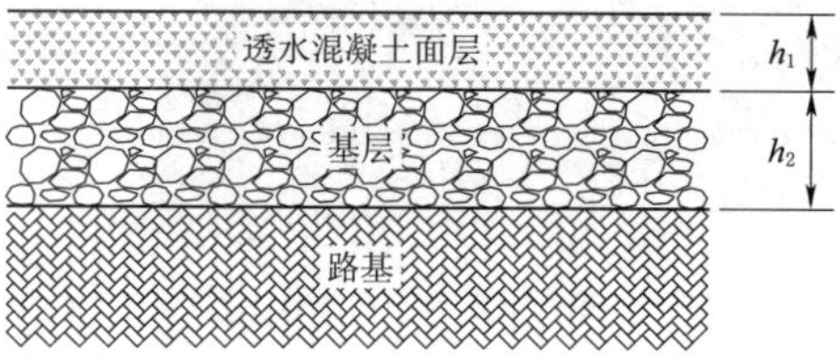

图 4.16　基层全透水结构形式

2）分类及技术要点说明。①基层全透水结构（图 4.16）：透水混凝土面层厚度 h_1 不小于 60mm，级配砂砾、级配砾石及级配砾石的基层和底基层总厚度 h_2 不小于 150mm；②基层半透水结构：稳定土基层或石灰、粉煤灰稳定砂砾基层和底基层总厚度 h_2 不小于 180mm；③基层不透水结构，即水泥混凝土基层，稳定土底基层或石灰、粉煤灰稳定砂砾底基层；④基层全透水路面下考虑排水措施，排水管或排水盲沟连接市政排水系统。

（3）彩色透水整体路面。彩色透水整体路面断面图如图 4.17 所示。

1）分类及技术要点说明。彩色透水整体路面承重做法不同。①彩色透水混凝土从下至上素土夯实，压实系数不小于 0.93；②200mm 厚天然级配砂石碾实（内设渗透管）；③20mm 厚粗砂找平、碾实；④90mm 厚彩色透水整体混凝土路面面层摊铺、收光；⑤30mm 厚彩色透水整体混凝土路面面层摊铺、找平、收光；⑥涂刷靓固保护剂。

2）适用性。适用于大型广场、停车场、景观大道及体育馆。彩色透水整体路面铺装效果如图 4.18 所示。

（4）嵌草砖路面。嵌草砖路面断面图及效果如图 4.19 所示。

1）分类及技术要点说明。①嵌草砖路面行车荷载不大于 5t；②80mm 厚嵌草砖形式多样，可以是混凝土预制砖，砖孔及砖缝处填种植土，种植土内掺草籽；③使用 30mm 厚黄土粗砂，砂与土的比例为 1∶1；④浇筑 100mm 厚 C20 无砂大孔混凝土基层（浇筑混

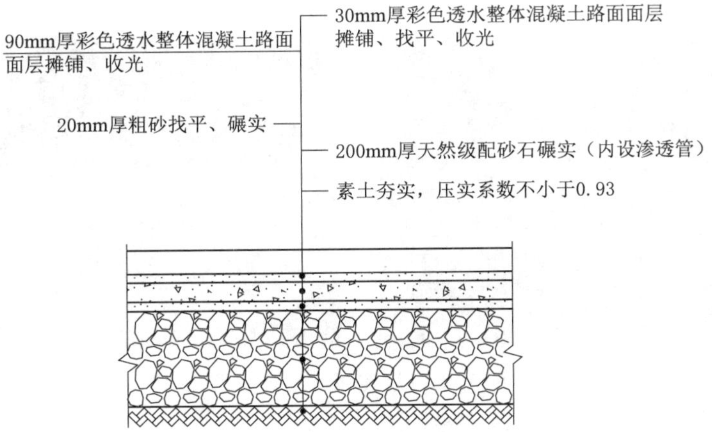

图 4.17　彩色透水整体路面断面图

图 4.18　彩色透水整体路面铺装效果

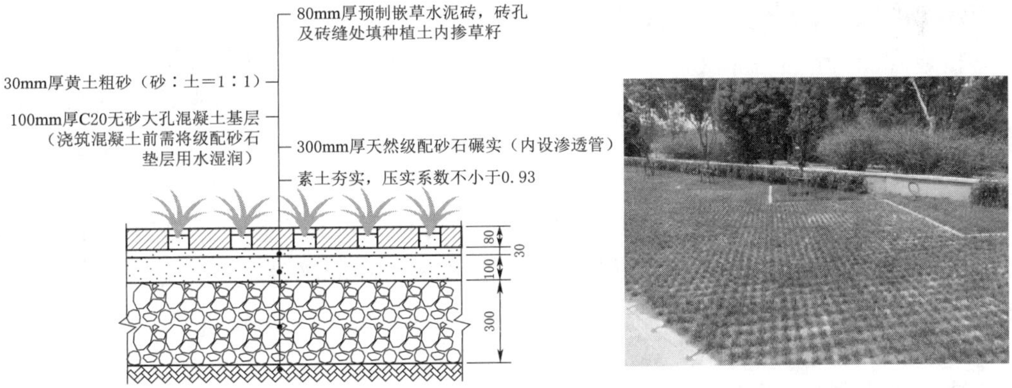

（a）断面图　　（b）效果

图 4.19　嵌草砖路面断面图及效果（单位：mm）

凝土前需将级配砂石垫层用水湿润）；⑤用 300mm 厚天然级配砂石碾实（内设渗透管）；⑥素土夯实，压实系数不小于 0.93。

2）优缺点。可增加绿地率。

3）适用性。适用于城市广场、道路、小区等停车场。

（5）缝隙透水铺装。缝隙透水铺装效果如图 4.20 所示。

图 4.20　缝隙透水铺装效果

1）分类及技术要点说明。①缝隙透水砖通常为混凝土砖，砖的力学性能、物理性能等技术要求应符合国家标准《混凝土实心砖》（GB/T 21144—2023）的规定；②缝隙透水砖缝宜采用粗砂或碎石屑填缝，宜伴有植物种植，增加景观多样性。

2）适用性。适用于城市广场、道路、小区、海滨等。

图 4.21　碎石透水铺装效果

（6）碎石透水铺装。碎石透水铺装效果如图 4.21 所示。

碎石透水铺装是一种常见的道路铺装方法，将粒径大小相近的碎石均匀地铺放在地面上，形成耐久的表面层，供车辆和行人通行。

1）分类及技术要点说明。①清理施工区域，地面找平；②在地面上铺透水性无纺布，防止上层碎石和下层石块混合；③准备足够数量和质量、尺寸合适的碎石；④碎石均匀摊铺在基层表面上；⑤碎石层厚度保持一致，一般为 5～10cm；⑥对碎石场进行压实处理，使其保持稳定、耐久。

2）优缺点。碎石透水铺装适用区域广，施工方便，可补充地下水，有一定峰值流量削减或雨水净化作用，但易堵塞，寒冷地区有被冻融破坏的风险。

3）适用性。适用于城市广场、道路、小区、海滨等。

3. 植被（草）浅沟

植被（草）浅沟典型设计如图 4.22 所示，效果如图 4.23 所示。

（1）分类及技术要点说明。植被（草）浅沟是在绿地内设置的为加快绿地内雨水下渗的排水沟，主要由反滤织物和透水性材料（级配砂石）组成。①自下而上宜为素土层、砾石层、土工布、种植层、蓄水层；②浅沟断面形式宜采用倒抛物线形、三角形或者梯形；③边坡坡比不大于 1∶3（垂直高度∶水平宽度），纵向坡度宜为 0.3%～0.4%，当坡度大于 4%时，沿植被（草）浅沟的横断面设置节制堰，靠路基一层应采取防渗措施；④最大流速应小于 0.8m/s，粗糙系数宜为 0.2～0.3；⑤种植土高度宜为 100～250mm，滞水层

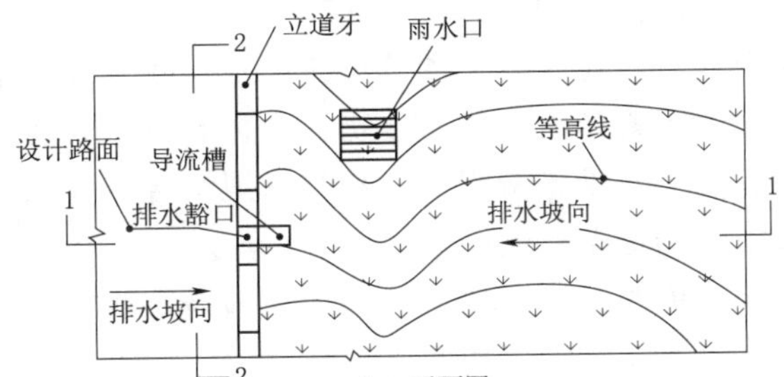

（a）平面图

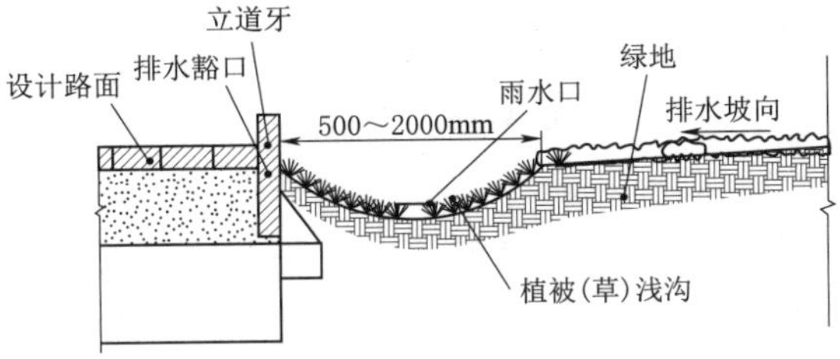

（b）1-1剖面图

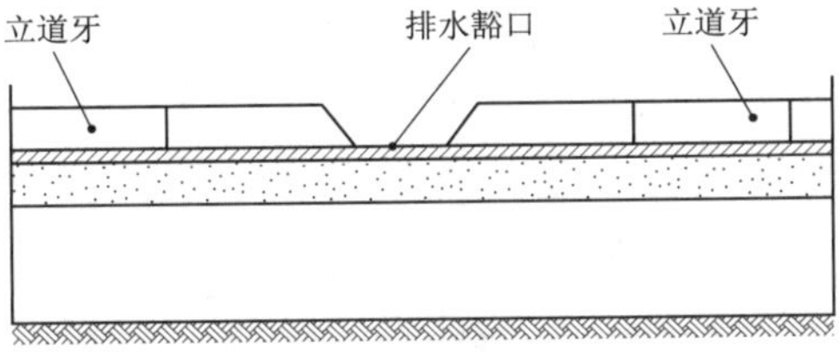

（c）2-2剖面图

图 4.22 植被（草）浅沟典型设计

图 4.23 植被（草）浅沟效果

高度宜为 50～350mm；⑥当地下水位较高时，应在植被（草）浅沟砾石层内设置渗透管；⑦当以转输为主、入渗为辅时，应在其末端设溢流雨水口或直接排至下游。

（2）优缺点。①可有效滞蓄径流中的悬浮物，净化有机污染物；②径流控制有明显效果，降低洪峰速度；③有建设及维护费用低、易与景观结合的优点，但已建城区及开发强度大的新建城区等区域易受场地条件制约。

（3）适用性。适用于在道路、广场的周边、绿地内滞蓄或转输雨水。

4. 下凹式绿地

下凹式绿地是低于周边汇水地面，且可渗透、滞蓄和净化雨水径流的绿地。下凹式绿地典型设计如图 4.24 所示，效果如图 4.25 所示。

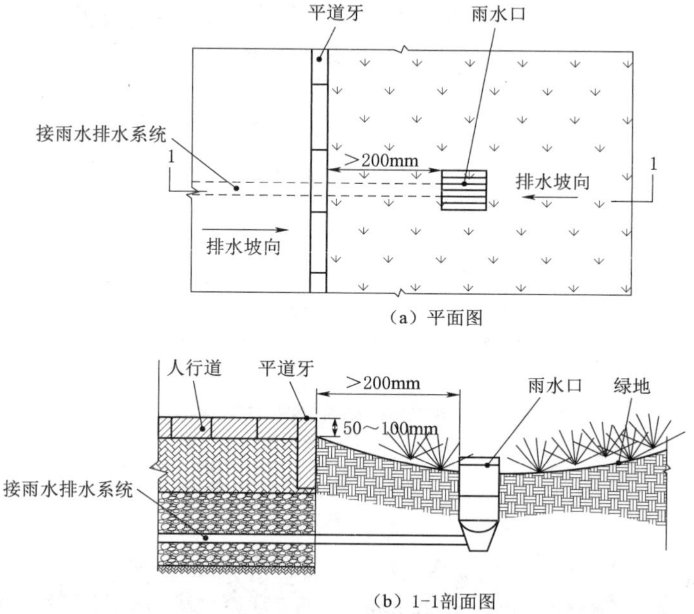

图 4.24 下凹式绿地典型设计

（a）立道牙　　（b）平道牙

图 4.25 下凹式绿地效果

（1）分类及技术要点说明。①绿地低于周围路面 50～200mm；②雨水口宜设置在距离路面 200mm 以外的绿地内，雨水口顶标高应高出地面并低于路面 10mm；③新建路面，在规划时调整好路面、绿地和雨水口的高程关系，即路面高于绿地，雨水口设在绿地内，雨水口高于绿地且低于路面，道路雨水经绿地截污入渗后，排入雨水排水系统；④下凹式绿地下凹的深度要根据绿地土质、汇水区面积、绿地面积和植被种类等综合考虑；⑤与周边硬化地面竖向连接；⑥下凹深度宜为 50～200mm，下凹深度大于 100mm 时，满足排空时间要求；⑦下凹式绿地竖向设计应使雨水远离路基、建筑外墙；⑧下凹式绿地内应设溢流雨水口。

（2）优缺点。适用区域广，建设费用和维护费用均较低，但大面积应用时，易受地形等条件的影响，实际调蓄容积较小。

（3）适用性。适用于城市建设中的市政、公建、住宅、商业办公、厂房项目，以及机场项目、电厂项目及平原地区的公路项目。

5．生物滞留设施

生物滞留设施是利用植物、土壤和微生物渗透、滞蓄和净化雨水径流设施的统称，包括雨水花园、生态树池等。

（1）生物滞留设施总述。生物滞留设施典型设计如图 4.26 所示，效果如图 4.27 所示。

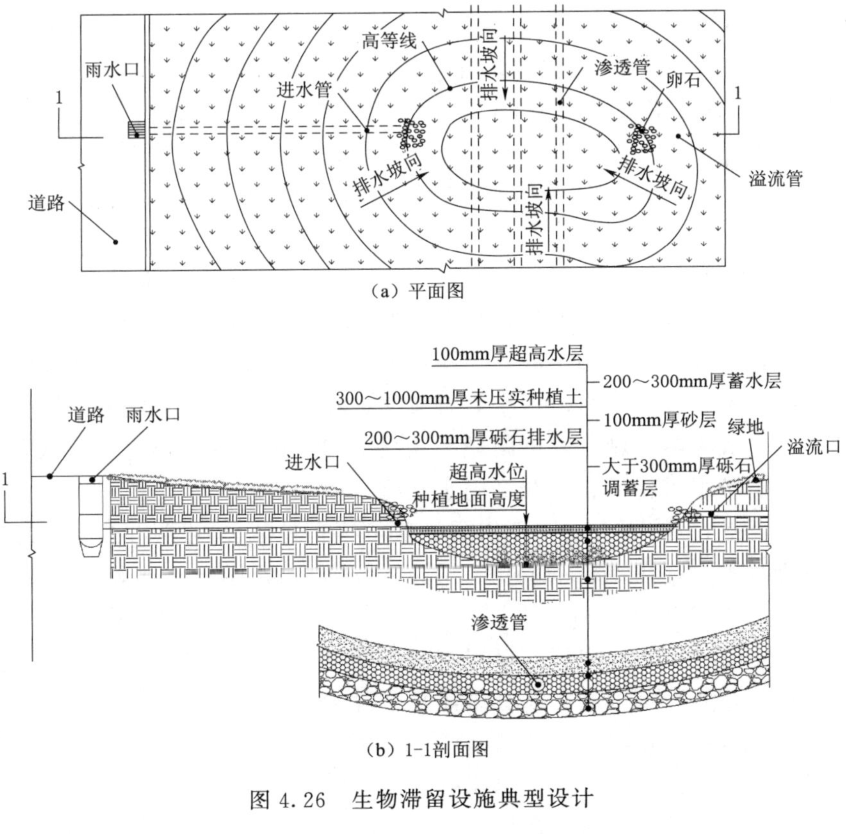

（a）平面图

（b）1-1剖面图

图 4.26　生物滞留设施典型设计

图 4.27 生物滞留设施效果

1）技术要点说明。①生物滞留设施内植物宜选择耐淹耐旱类灌木及草花类植物；②排水纵坡宜设置为 0.3%～5%；③进水口及溢流关口周围设卵石等截污装置，过滤树叶、泥、草等杂物；④溢流管宜高出进水口 50～100mm，并接周边雨水管或周围洼地；⑤自下而上应为素土层、砾石层、土工布、种植土、覆盖层、蓄水层；⑥蓄水层深度根据径流控制目标确定，宜为 200～300mm，最高不超过 400mm，并应设 100mm 的超高；⑦稳渗速率不宜低于 10^{-5}m/s，种植土层宜采用渗透系数较大的砂质土壤，其中黏土含量不宜超过 5%；⑧砾石排水层深度宜为 200～300mm，可根据具体要求适当加深，孔隙率不宜小于 30%，并可在其底部埋置直径为 100mm 的 PVC 穿孔管；⑨当土基渗透系数不大于 10^{-6}m/s 时，宜在底部砾石层中设置渗透管，排入下游雨水管渠或受纳水体。

2）优缺点。生物滞留设施形式多样、适用区域广、易与景观结合，径流控制效果好，建设费用与维护费用较低，但地下水位与岩石层较高，在土壤渗透性能差、地形较陡的地区，应采取必要的换土、防渗、设置阶梯等措施避免次生灾害的发生，这将增加建设费用。

3）适用性。适用于具有空间条件的城市道路、城市绿地、滨水带等区域。

（2）雨水花园。雨水花园典型设计如图 4.28 所示，效果如图 4.29 所示。

雨水花园是运用景观化处理手段，使植物与材料成为花园主角，与城市景观相融合，让雨水设施重新焕发生机与活力。除了具有实实在在的雨水调蓄功能外，还具有艺术气息和观赏价值，使之成为解决城市雨洪问题、构建海绵城市的基本单元。雨水花园分为净化型雨水花园、调蓄型雨水花园、综合型雨水花园。

1）技术要点说明。①雨水花园蓄水层深度可根据植物耐淹性和土壤渗透能力以及径流控制目标综合考虑，宜在 0～300mm 范围内；②雨水花园种植土层的类型和厚度可根据植被类型确定，草本宜为 300mm 以上，灌木宜为 600mm 以上，乔木宜为 1000mm 以上；③净化型雨水花园宜采用沸石（可以有效去除废水中的氨氮元素并对水中的重金属有吸附作用）为填料，调蓄型雨水花园宜采用瓜子片为填料，综合型雨水花园宜采用改良种植土为填料；④雨水花园底部应距当地地下水水位 1.0m 以上，否则应在底层加设防渗膜；⑤溢流设施可采用溢流竖管、雨水口等，溢流竖管管径宜为 100～200mm，雨水口连接管管径宜为 300mm，溢流设施的间距应保证排水安全。

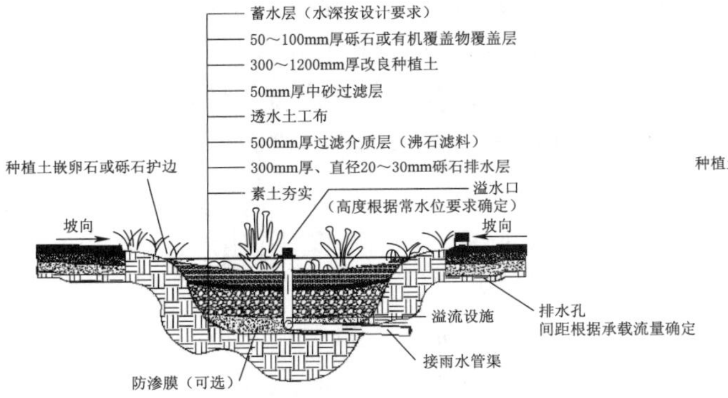

（a）净化型雨水花园设计

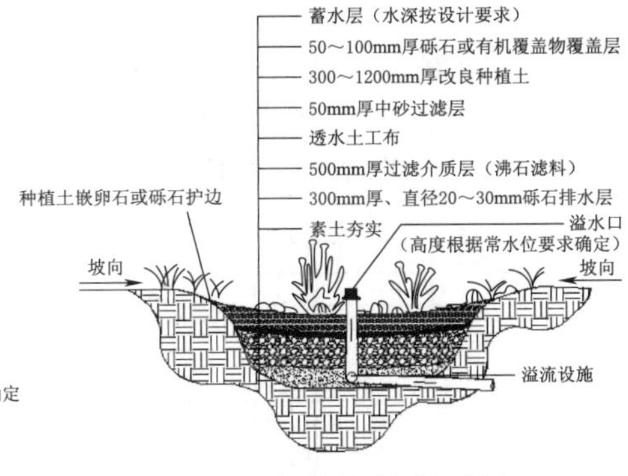

（b）调蓄型雨水花园设计

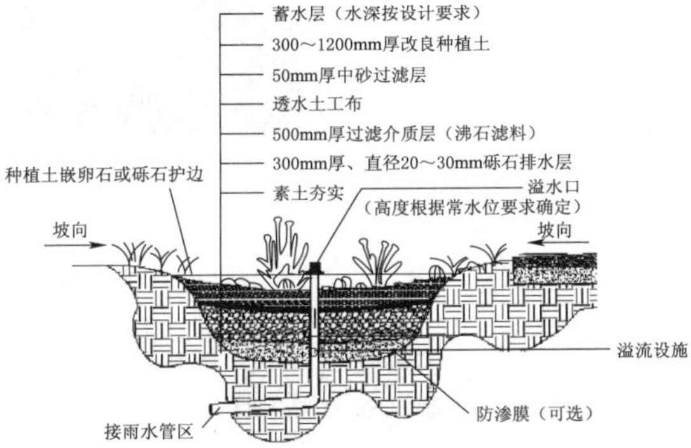

（c）综合型雨水花园设计

图 4.28　雨水花园典型设计

图 4.29　雨水花园效果

2）优缺点。可有效削减较大区域的径流总量、径流污染和峰值流量，是城市内涝防治系统的重要组成部分，但对场地条件要求较严格，建设和维护费用高。

3）适用性。适用于具有空间条件的城市道路、城市绿地、滨水带等区域。

（3）生态树池。生态树池典型设计如图 4.30 所示，效果如图 4.31 所示。

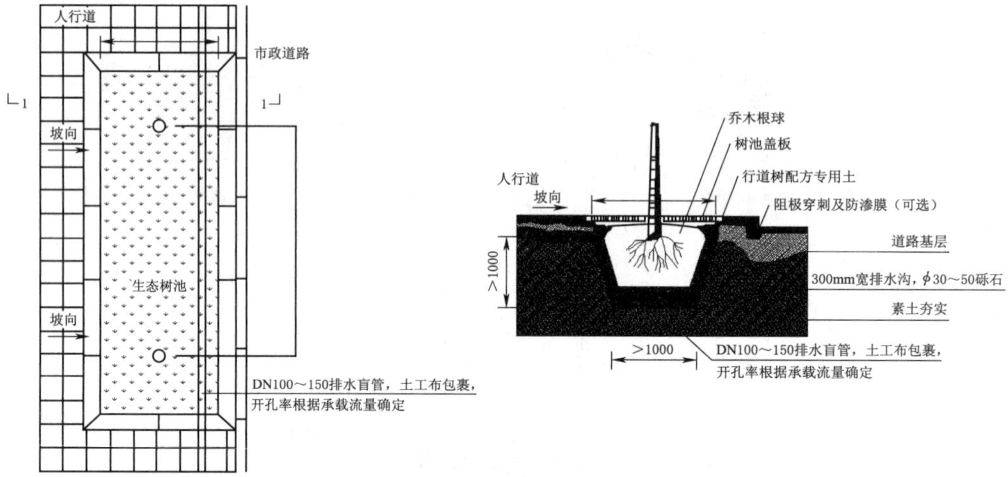

（a）平面图　　（b）1-1剖面图

图 4.30　生态树池典型设计（单位：mm）

图 4.31　生态树池效果

1）技术要点说明。①种植土类型和厚度可根据植被类型确定，乔木高度宜为 1000mm 以上；②行道树配方专用土包括以下组分（各组分按体积份计）：碎石 50 份，种植土 30～40 份，水若干份；所述碎石为经过筛分的棱角花岗岩石子，颗粒直径为 3～5cm；所述种植土为干净的黏壤土，其 pH 值为 5.5～7.5；③人行道应采用透水材料或相应的结构形式；④砾石层孔隙率为 35%～40%，有效孔径大于 80%；⑤种植池内植物宜选用耐水淹、耐污能力强的乡土树种；⑥种植池标高要低于人行道 50～100mm，以便雨水汇入。

2）优缺点。可有效削减较大区域的径流总量、径流污染和峰值流量，是城市内涝防治系统的重要组成部分，但对场地条件要求较严格，建设和维护费用高。

3）适用性。适用于具有空间条件的城市道路、城市绿地、滨水带等区域。

6. 渗透塘

（1）分类及技术要点说明。渗透塘具有入渗和调节功能，可单独设置，其滞蓄容积应根据溢流水位和设计水位之间的容积确定；渗透塘也可设置在河、湖或受纳水体周边，用于净化初期雨水，其设计应符合以下要求：①入口应设置沉砂池或前置塘等预处理设施；②边坡坡度不宜大于 1∶3，表面宽度和深度的比例应大于 6∶1，塘底至溢流水位不宜小于 0.6m；③底部构造宜为厚 200～300mm 的种植土、透水土工布和厚 300～500mm 的过滤介质；④植物应在接纳径流之前成型，植物应既能抗涝又能抗旱，适应洼地内水位变化；⑤宜设置排空设施，排空时间不应大于 24h；⑥应设有确保人身安全的警示标识和措施。

渗透塘典型设计如图 4.32 所示，效果如图 4.33 所示。

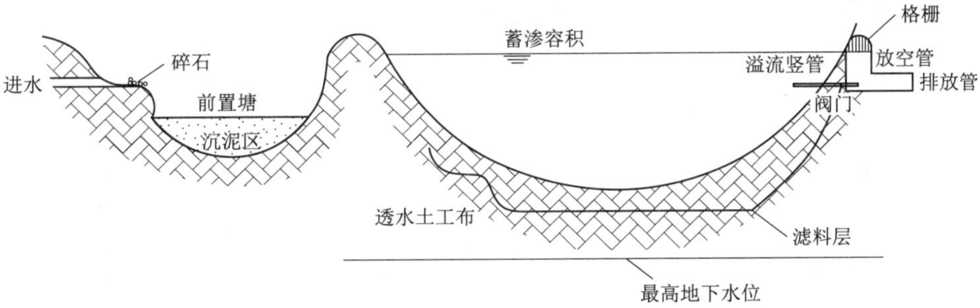

图 4.32　渗透塘典型设计

图 4.33　渗透塘效果

（2）优缺点。①可有效滞蓄径流中的悬浮物，净化有机污染物；②径流控制有明显效果，降低洪峰速度；③有效补充地下水、削减峰值流量，建设费用较低；④场地要求较严格，对后期维护管理要求较高。

（3）适用性。适用于具有空间条件的城市道路、城市绿地、滨水带等区域。

7. 入渗井

(1) 分类及技术要点说明。入渗井是将雨水汇集到透水砖竖井内并通过侧壁、井底及渗水管实现雨水入渗的设施，主要由透水砖竖井、进水管、溢流管（与项目区雨水管线相接）和若干根渗水管构成。入渗井一般布设于项目区绿地或下凹式绿地内，主要用于收集下凹式绿地内土壤持留的多余雨水，并有效地加速入渗。此外，下凹式绿地无法入渗的雨水也可通过进水管进入入渗井内，并通过入渗井底部铺垫的 $\phi10$ 卵石层及 $\phi40$ 卵石层入渗。同时入渗井内收集的雨水可以通过渗水孔溢出至深层土壤中，并对该部分土壤进行有效的水分供给。

入渗井的设计应符合以下要求：①除硅砂砌块井外，井壁外均应配置砾石层；②井底渗透面距地下水位的距离不应小于 1.5m；③底部和周边的土壤渗透系数应大于 5×10^{-6} m/s；④入渗砾石层外应采用透水土工布或性能相同的材料包覆。

入渗井典型设计如图 4.34 所示，效果如图 4.35 所示。

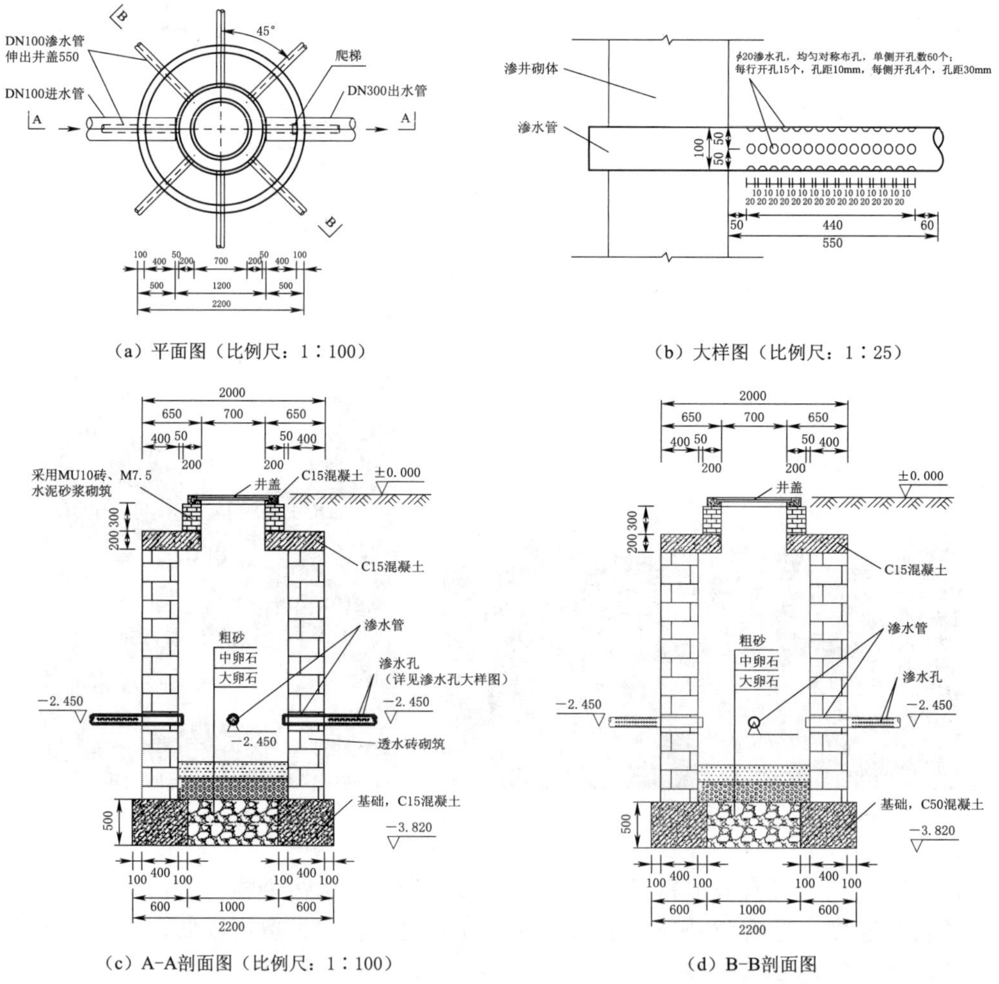

(a) 平面图（比例尺：1∶100）

(b) 大样图（比例尺：1∶25）

(c) A-A剖面图（比例尺：1∶100）

(d) B-B剖面图

图 4.34 入渗井典型设计（单位：mm）

(a) 渗井周边绿地

(b) 入渗井远景

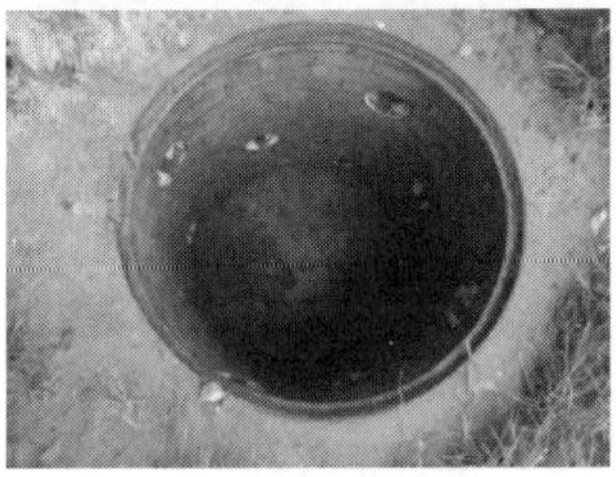

(c) 入渗井井口

(d) 入渗井井壁

图 4.35 入渗井效果

(2) 优缺点。入渗井占地面积小，建设和维护费用较低，但其水质和水量控制作用有限。

(3) 适用性。入渗井主要适用于小区内建筑、道路及停车场周边的绿地。入渗井应用于径流污染严重、设施底部距离季节性最高地下水位或岩石层小于 1m 及距离建筑物基础小于 3m（水平距离）的区域时，应采取必要的措施防止发生次生灾害。

8. 生态护岸

生态护岸指的是利用植物或者植物与土木工程相结合，能在防止河岸坍方之外，还具备使河水与土壤相互渗透、增强河道自净能力、产生一定自然景观效果、对河道坡面进行防护的一种河道护坡形式。

生态护岸技术要点为：坡长不能太长太陡，一般来说，坡度缓、坡比小于 1∶2.5、水流流速小于 1m/s 的河沟道，建议采用植物护坡。

生态护岸断面图及效果如图 4.36 所示。

9. 植被缓冲带

(1) 分类及技术要点说明。①植被缓冲带应搭配种植乔木、灌木和地被植物；②坡度宜为 2%～6%，宽度不宜小于 2m，并应根据径流污染削减要求进行布置；③植被缓冲带范围内布置的慢行道、游步道、休憩平台等设施宜采用透水路面。

(2) 优缺点。①可有效滞蓄径流中的悬浮物，净化有机污染物；②径流控制有明显效果，降低洪峰速度；③有效补充地下水、削减峰值流量，建设费用较低；④对场地要求较严格，对后期维护管理要求较高。

(3) 适用性。植被缓冲带宜布置在河、湖岸边的滨水绿化带或生物滞留设施等的周边。

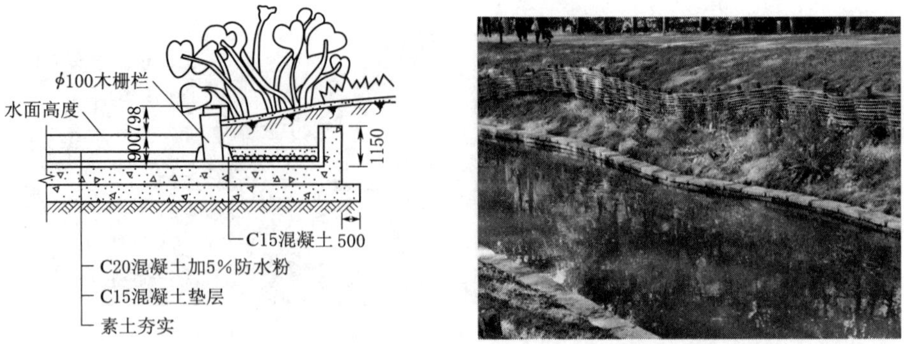

（a）断面图　　（b）效果

图 4.36　生态护岸断面图及效果（单位：mm）

植被缓冲带断面图如图 4.37 所示，效果如图 4.38 所示。

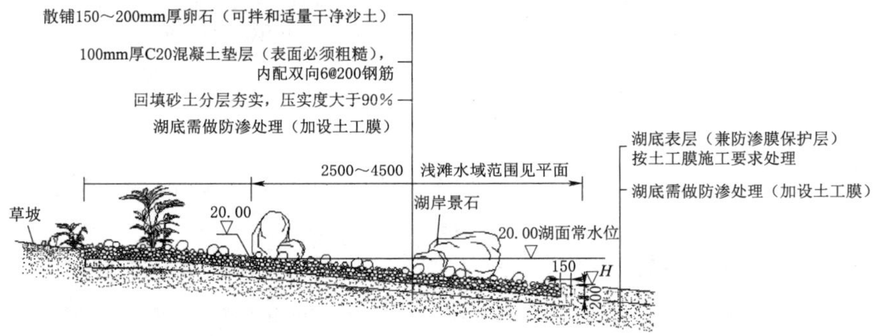

图 4.37　植被缓冲带断面图（高度单位：m；尺寸单位：mm）

（二）蓄持技术

1. 蓄水池

（1）分类及技术要点说明。主要包括以下几个方面：

1）坑塘、景观水体等天然水体进水管、溢流管标高应满足雨水自然排放、储存空间的要求。

2）具有调蓄空间的天然水体应设有警示标识和安全防护措施。

3）当采用室外埋地式塑料模块蓄水池、硅砂砌块水池、混凝土水池等作为雨水储存设施时，应符合下列规定：①蓄水池中集雨池指具有雨水储存功能的集蓄利用设施，它同时也具有削减峰值流量的作用，主要包括钢筋混凝土蓄水池，砖、石砌筑蓄水池及塑料蓄水模块（海绵雨水收集模块）拼装式蓄水池，用地紧张的城市大多采用地下封闭式蓄水池；②应设检查口或检查井，检查口下方的池底应设集泥坑，集泥坑平面最小尺寸应不小于 300mm×300mm；当有分格时，每格都应设检查口和集泥坑；池底设坡度不小于 5%的坡向集泥坑，检查口附近宜设给水栓；③当不具备设置排泥设施或排泥确有困难时，应设搅拌冲洗管道，搅拌冲洗水源应采用储存的雨水；④应设溢流管和通气管并设防虫措

图 4.38 植被缓冲带效果

施；⑤进水和吸水应避免扰动池底沉积物；⑥以塑料模块组合水池作为雨水储存设施时，应考虑周边荷载的影响，其竖向承载能力及侧向承载能力应大于上层铺装和道路荷载及施工要求，模块使用期限的安全系数应大于 2.0；⑦塑料模块水池内的水流应具有良好的流动性，水池内的流通直径不应小于 50mm，塑料模块外围应包土工布层。

（2）优缺点。蓄水池具有节省占地、雨水管渠易接入、避免阳光直射、防止蚊蝇滋生、储存水量大等优点，雨水可回用于绿化灌溉、冲洗路面和车辆等，但建设费用高，后期须重视维护管理。蓄水池典型设计及施工如图 4.39 所示。

（3）适用性。适用于有雨水回用需求的建筑物与小区、城市绿地，根据使用需求的不同，需要配置相应的净化设施，不适用于无雨水回用需求及污染严重的区域。

根据项目区雨洪计算结果，确定所需蓄水池蓄水规模及规格尺寸，常见的规格有 $50m^3$、$100m^3$、$300m^3$、$500m^3$、$800m^3$、$1000m^3$ 等。

2. 雨水湿地

（1）分类及技术要点说明。雨水湿地包括表流湿地和潜流湿地。

1）表流湿地。应由进水口、前置塘、沼泽区、护岸和缓冲带、出水塘、出水和溢流设施、植物组成，设计应符合以下要求：①应设计常水位、滞留水位和峰值控制水位；②应在进口处设置前置塘；③应设置深水通道，常水位下的水深不宜小于 1.2m，深水通道沿水流长度不宜小于其进、出水口直线距离的 2 倍；④出水口应设出水塘，出水塘的有效水深宜为 1.2～1.8m；⑤护岸应高于紧急泄流通道 0.3m 以上；⑥湿地外宜设缓冲带，

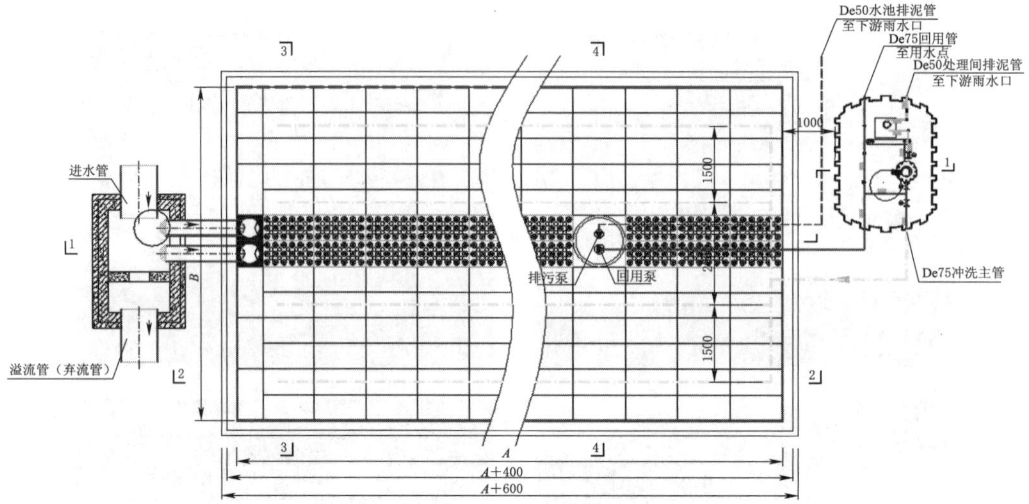

（a）PP模块集雨池平面图

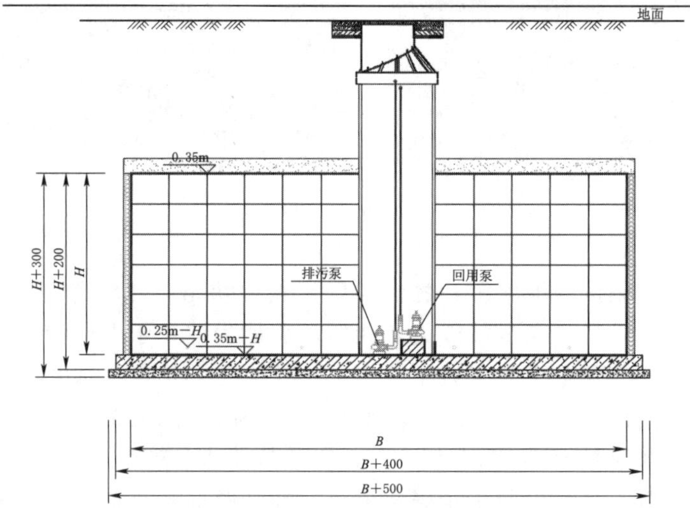

（b）PP模块集雨池剖面图

（c）PP模块

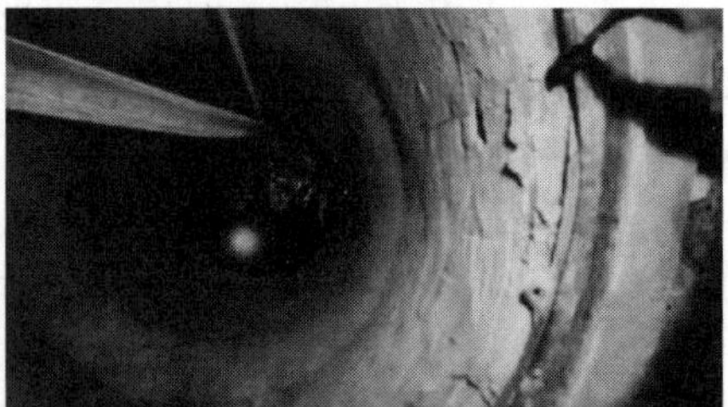

（d）集雨池检查井施工

图 4.39（一） 蓄水池典型设计及施工（单位：mm）

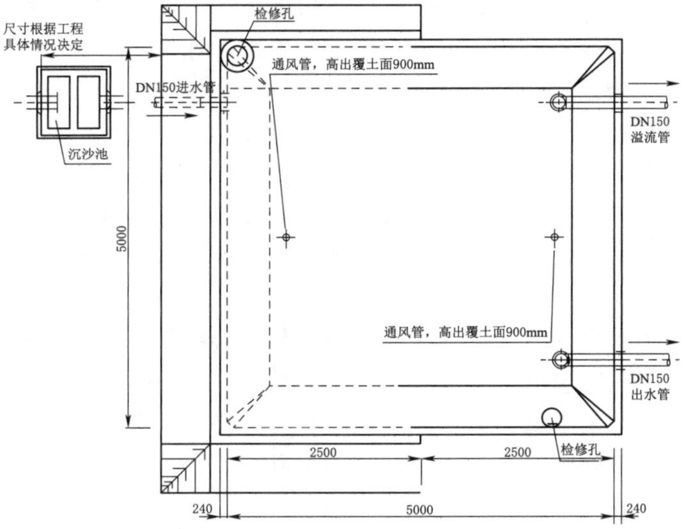

(e) 钢混集雨池平面图

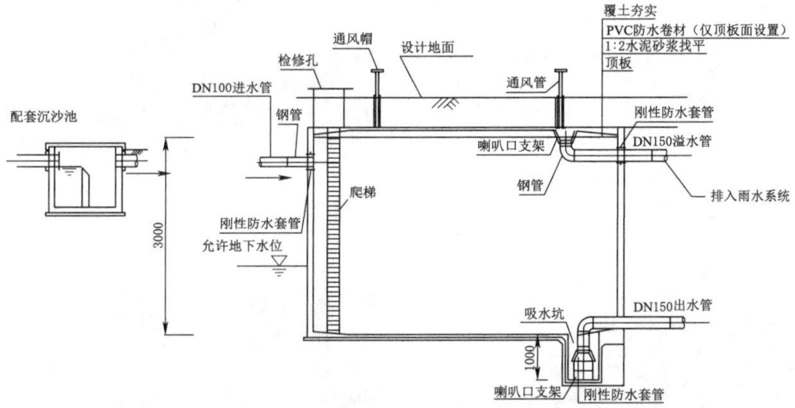

(f) 钢混集雨池剖面图

(g) 钢混集雨池施工

(h) 混凝土模块集雨池施工

图 4.39（二） 蓄水池典型设计及施工（单位：mm）

A—水池设计长度；*B*—水池设计宽度；*H*—水池设计高度

缓冲带应进行景观设计，并应采取保护现有植物的措施；⑦种植湿地植物时应选择根系发达的本地水生植物，根据各区域的常水位水深进行配置，种类不宜少于 3 种。

2）潜流湿地。应由配水设施、填料层、集水系统、存水区、植物区、溢流设施等组成，设计应符合以下要求：①调蓄深度宜为 300mm，边坡坡比应小于 1∶2；②地形坡度不宜大于 2%，潜流湿地长宽比不宜大于 3∶1，单个潜流湿地的面积不宜大于 1500m^2；③当雨水径流水质较差时，应采用预处理设施；④当湿地底部土壤渗透系数大于 10^{-7}m/s 且高于地下水位时，应设置防渗层；⑤配水设施可采用穿孔管或配水槽；⑥宜采用地下穿孔管集水，管径宜为 150～300mm，坡度宜为 1%～2%，周边应包裹砾石，砾石外包裹土工布，沿潜流湿地的宽度方向，每 3～5m 宜设置一根穿孔管，每根穿孔管应设置清淤立管；⑦填料层从上至下宜包括 50～100mm 厚种植土层、50mm 厚砾石层和 40～100mm 厚砾石层，填料层厚度应大于植物根系深度；⑧应设有确保人身安全的警示标识和措施。

雨水湿地原理及效果分别如图 4.40 和图 4.41 所示。

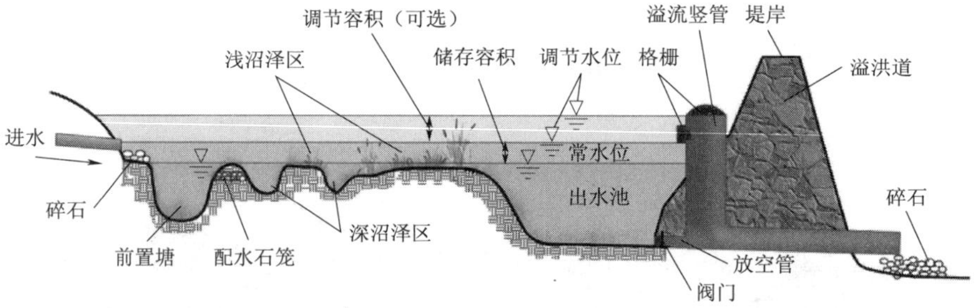

图 4.40 雨水湿地原理

图 4.41 雨水湿地效果

（2）优缺点。①可有效滞蓄径流中的悬浮物，净化有机污染物；②径流控制有明显效果，降低洪峰速度；③有效补充地下水、削减峰值流量，建设费用较低；④对场地要求较严格，对后期维护管理要求较高。

（3）适用性。雨水湿地适用于具有一定空间条件的建筑小区、城市道路、城市绿地、滨水带等区域。多级雨水湿地效果如图 4.42 所示。

图 4.42 多级雨水湿地效果

3. 雨水桶（罐）

将房屋上的雨水通过雨落管引入雨水桶（罐）中，可用于清洁或冲洗。雨水桶及初期弃流装置如图 4.43 所示。

（a）雨水桶 （b）初期弃流装置

图 4.43 集雨桶及初期弃流装置

4. 线性蓄排管

线性蓄排管构成线性雨水蓄排系统。线性雨水蓄排系统是在现有雨水管道系统的基础上，通过沿雨水管道线路布置较大管径的管道（即蓄排管道），将蓄水池的调蓄功能和雨水管道的排水功能合并，末端利用溢流井等专用构筑物，使雨水在蓄排系统内蓄存和溢流排水，满足小区内雨水排除和调蓄的需求。

具体来说，当场地降雨时，雨水通过建筑立管、雨水口和雨水支管流入蓄排管道，由于管道末端和中途设置带有溢流堰的溢流井，因此雨水被截留在蓄排管道内逐渐蓄积。当降雨量超过设计调蓄容积时，雨水通过溢流堰向市政管道溢流排水。雨停后，蓄排管道内蓄满水，需要排空管内存水时，可开启潜水泵 12h 内排空，或利用末端溢流堰下部的退水阀门，重力自流排至市政管网。考虑到蓄排管道底部可能存在淤积，其内部设有管道冲洗清淤系统；考虑到雨水回用的需要，该系统预留连接回用设备的管道，满足回用水源的需求。

线性雨水蓄排系统适用于城市建设中的市政、工业厂房项目。线性雨水蓄排系统典型设计结构图及施工现场如图4.44所示。

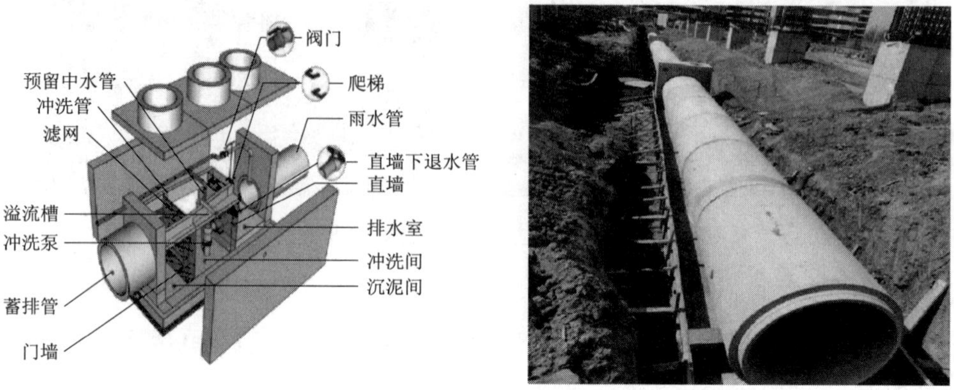

(a) 设计结构图

(b) 施工现场

图4.44 线性雨水蓄排系统典型设计结构图及施工现场

(三) 转输技术

1. 初期雨水弃流设施

(1) 分类及技术要点说明。①设施类型应根据汇水区条件、降雨特征和雨水回用用途等因素确定；②屋面雨水收集系统宜采用容积式弃流装置，当弃流装置埋于地下时，宜采用渗透弃流装置；③地面雨水收集系统宜采用渗透弃流井或弃流池；④初期弃流量应根据雨水回用水质要求、降雨间隔、汇水面污染特征等因素综合确定。

(2) 优缺点。初期雨水弃流设施占地面积小，建设费用低，可降低雨水储存及雨水净化设施的维护管理费用，但径流污染物弃流量一般不易控制。

(3) 适用性。初期雨水弃流设施是其他低影响开发设施的重要预处理设施，主要适用于屋面雨水的雨落管、径流雨水的集中入口等低影响开发设施的前端。

初期雨水弃流设施及典型设计如图4.45所示。

2. 溢流雨水口（井）

溢流雨水口（井）要点说明如下：①数量及间距应满足排水流量及径流组织排放要求；②雨水口和雨水连接管设计流量应为雨水管渠设计重现期计算流量的1.5～3.0倍，重要地区、低洼及下沉区域应按内涝防治设计重现期进行校核；③下凹式绿地、植被（草）浅沟、生物滞留设施等绿色雨水设施内雨水口应进行溢流式排水，其顶面标高应高于周边绿地20～50mm，并满足蓄水空间容积要求；④收集利用系统的雨水口应具有截污功能。

溢流雨水口效果如图4.46所示。

3. 渗透管（渠）

(1) 分类及技术要点说明。①渗透管（渠）应设置植草沟、沉淀（砂）池等预处理设施；②渗透管（渠）开孔率应控制在1%～3%之间，无砂混凝土管的孔隙率应大于20%；③渗透管（渠）的敷设坡度应满足排水的要求；④渗透管（渠）四周应填充砾石或其他多孔材料，砾石层外包透水土工布，土工布搭接宽度不应小于200mm；⑤渗透管（渠）设

（a）设施

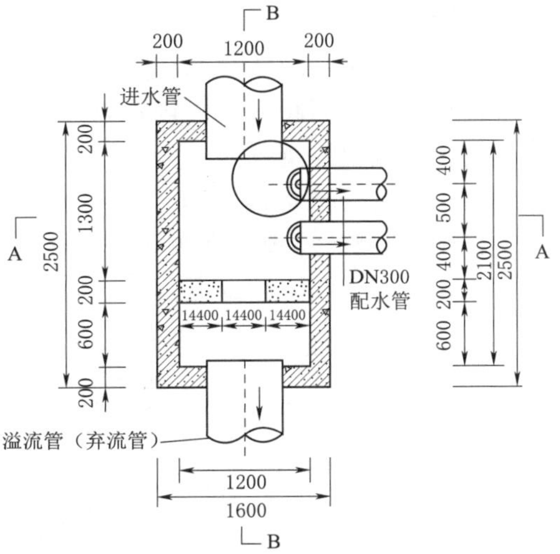

（b）平面图

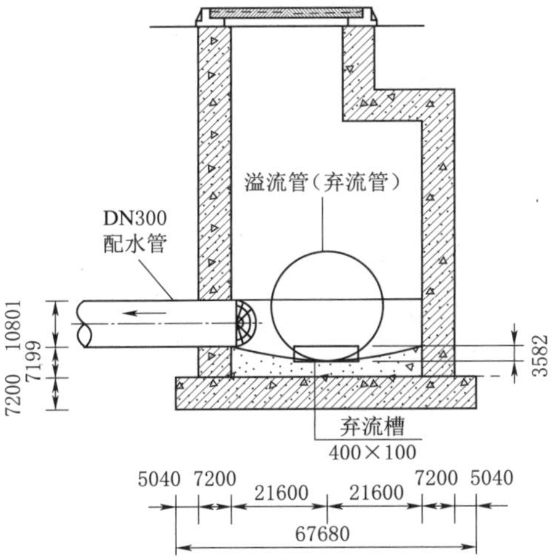

（c）A-A剖面图

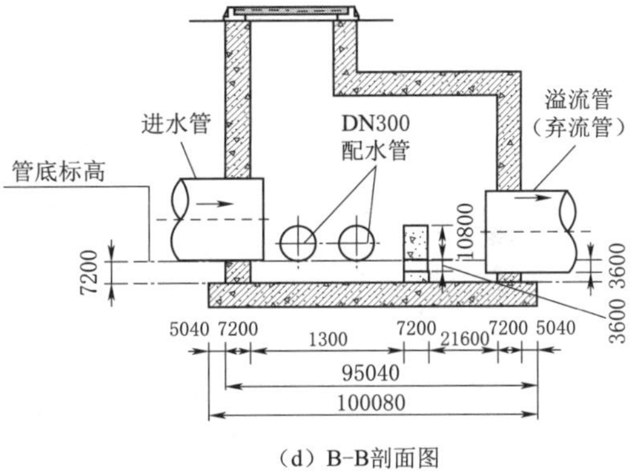

（d）B-B剖面图

图 4.45　初期雨水弃流设施及典型设计（单位：mm）

图 4.46　溢流雨水口效果

在行车路面下时覆土深度不应小于700mm；⑥宜采用穿孔塑料管等材料，当为渗透沟、渠时也可使用塑料模块；⑦塑料管的开孔率宜为1.0%～3.0%，塑料模块孔隙率不小于95%；⑧渗透管（渠）外敷渗透层，渗透层宜采用砾石；⑨与其连接的雨水口宜具有渗透功能；⑩管径和布置间距应计算确定，渗透管（渠）的排水能力不应小于地表入渗量和地下水渗入量；⑪应设检查井或入渗井，井间距不应大于渗透管管径的150倍，井的出水管口标高应高于入水管口标高，但不应高于上游相邻井的出水管口标高，渗透检查井应设0.3m沉砂室。渗透管（渠）典型设计如图4.47所示。

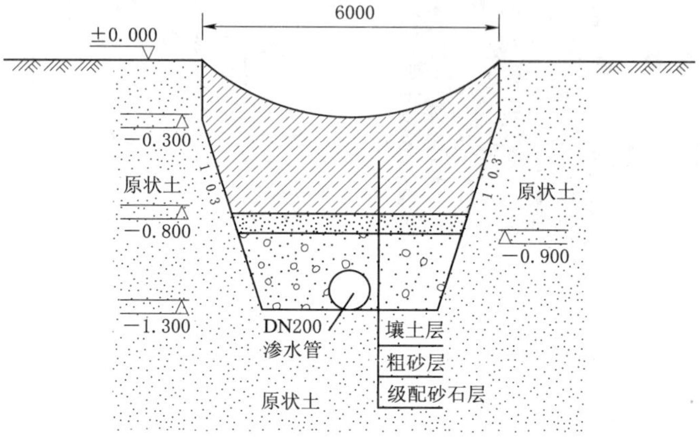

（a）断面图

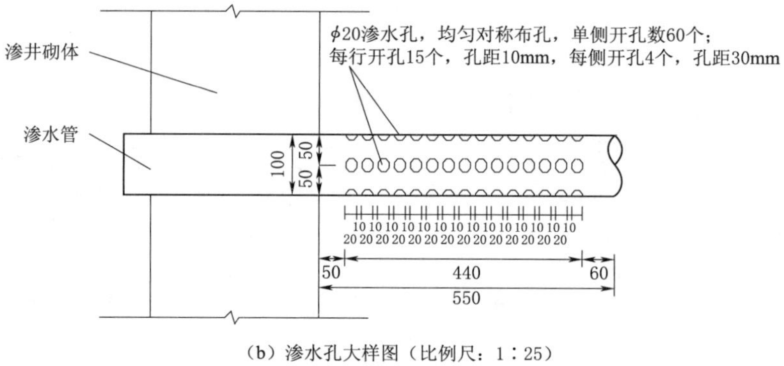

（b）渗水孔大样图（比例尺：1∶25）

图4.47　渗透管（渠）典型设计

（2）优缺点。渗透管（渠）对场地空间要求小，但建设费用较高，易堵塞，维护较困难。

（3）适用性。渗透管（渠）适用于建筑与小区及公共绿地内转输流量较小的区域，不适用于地下水位较高、径流污染严重及易出现结构塌陷等不宜进行雨水渗透的区域（如雨水管渠位于机动车道下等）。

（四）调节技术

1. 旱溪

（1）分类及技术要点说明。旱溪是不放水的溪床，人工仿造自然界中干涸的河床，配合植物营造，在意境上表达出溪水的景观。在人造旱溪的时候，先以素土夯实，再铺设碎石垫层，再浇筑混凝土，最后放置天然石头。这样一来，即使在没有水的时候，露出来的依然是一种景观——天然原石景观，就能避免没水时难看的状况出现。

(2) 适用性。旱溪适用于城市建设中的市政、住宅及商业办公项目。

旱溪典型设计如图 4.48 所示，效果如图 4.49 所示。

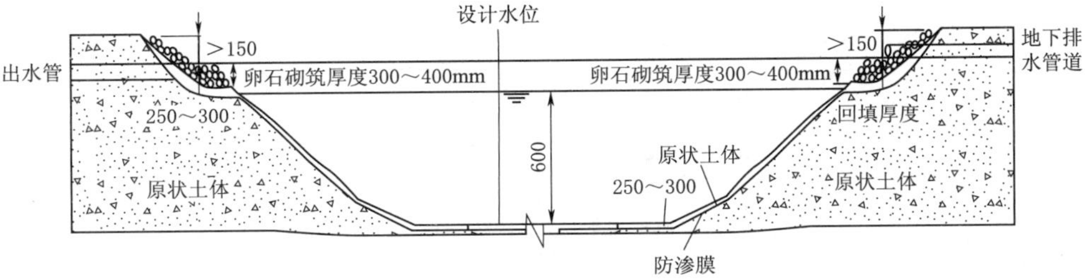

(a) 断面图

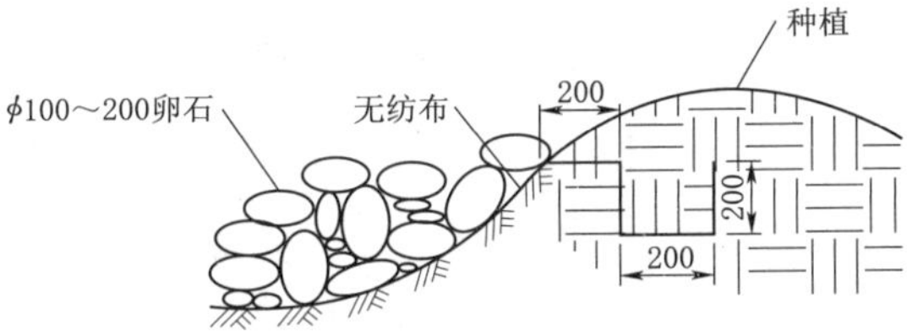

(b) 做法大样图（比例尺：1∶100）

图 4.48 旱溪典型设计（单位：mm）

图 4.49 旱溪效果

2. 人工湖

人工湖景观区域可建成集雨水调蓄、水体净化和生态景观为一体的多功能生态水体。

人工湖典型设计如图 4.50 所示，效果如图 4.51 所示。

人工湖适用于具有空间条件的城市道路、城市绿地、滨水带等区域。

(五) 雨洪排导措施

除了上述渗透技术、蓄持技术、转输技术和调节技术，洪排导措施也常用于雨水收集及利用。雨洪排导措施为降水径流区与集蓄设施、自然沟道或江河连接的排水系统，包括排水沟、沉沙池、截水沟、急流槽、消能池及其与自然沟道的顺接工程等。

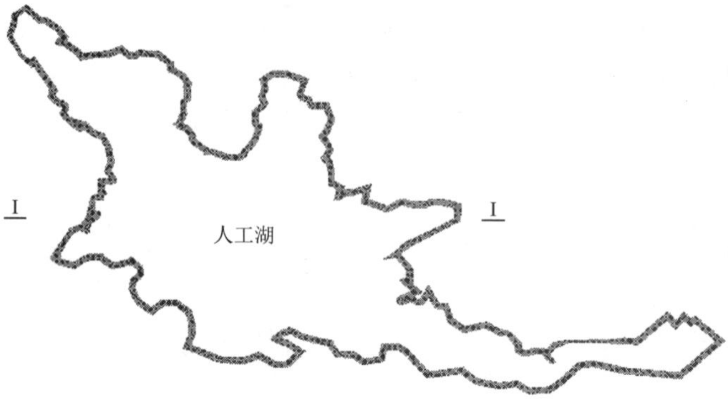

（a）平面图

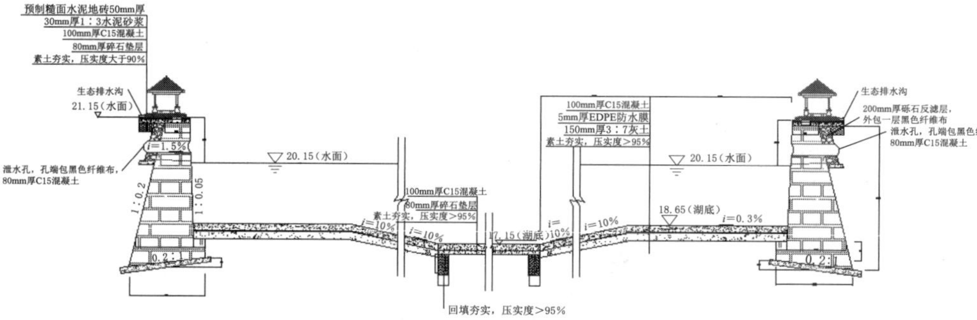

（b）I-I剖面图（比例尺：1：100）

图 4.50 人工湖典型设计（单位：m）

图 4.51 人工湖效果

1. 排水沟

排水沟适用于多种场景，包括住宅、商业、市政工程以及农业、工业等。

排水沟典型设计如图 4.52 所示，效果如图 4.53 所示。

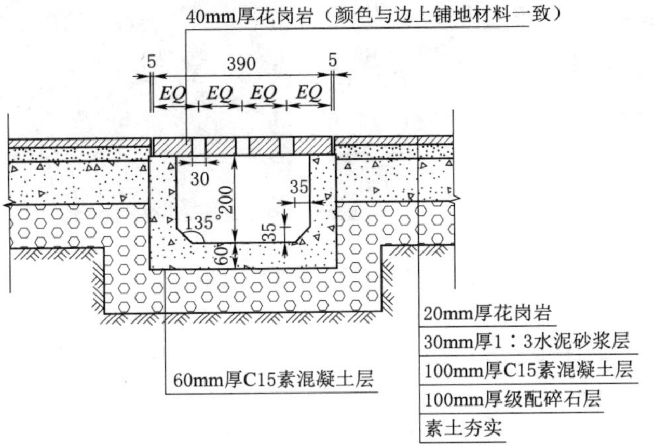

（a）U形排水沟（比例尺：1：1000）

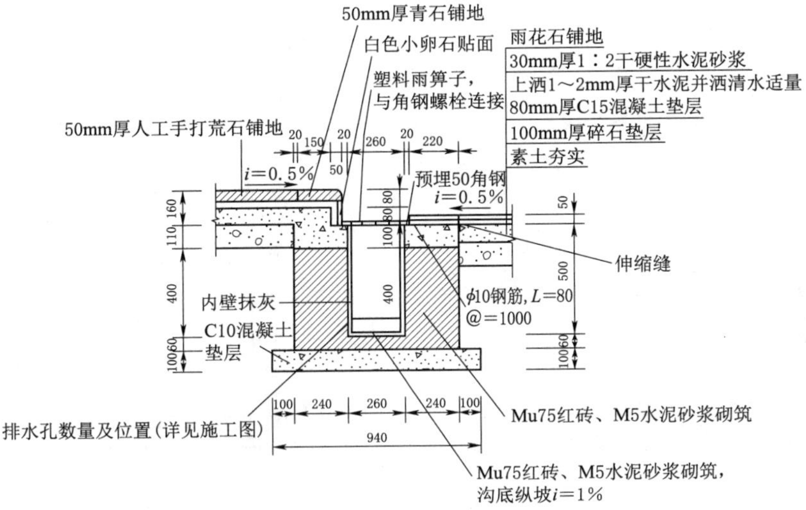

（b）矩形排水沟（比例尺：1：1000）

图 4.52 排水沟典型设计（单位：mm）

EQ—等效孔径

2. 沉沙池

沉沙池位于项目区排水出口与自然沟道或市政雨水管网连接处，用于沉积泥沙。

沉沙池适用于城市建设类项目、机场项目、电厂项目及山区公路项目等。

沉沙池典型设计如图 4.54 所示，效果如图 4.55 所示。

3. 截水沟

截水沟又称天沟，一般设置在挖方路基边坡坡顶以外，或山坡路堤上方的适当地点，用以拦截并排除路基上方流向路基的地面径流，减轻边沟的流水负担，保证挖方边坡和填

（a）排水明渠

（b）排水沟

图 4.53 排水沟效果

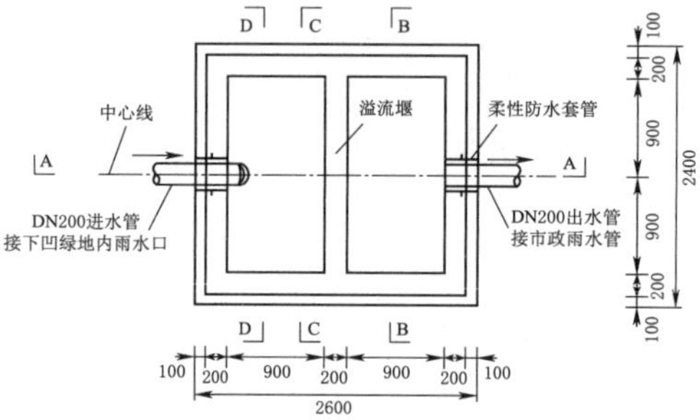

（a）平面图

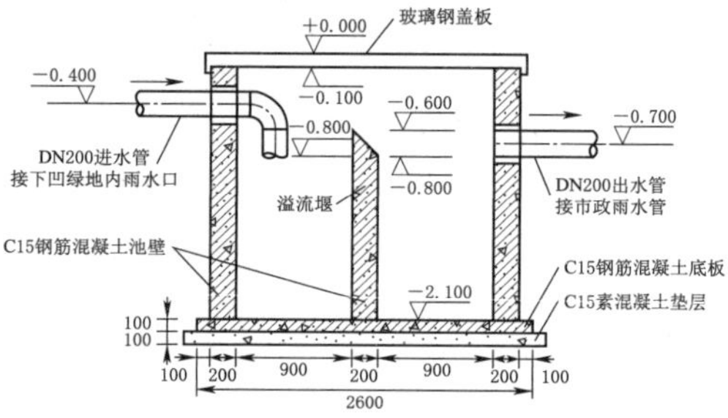

（b）A-A剖面图

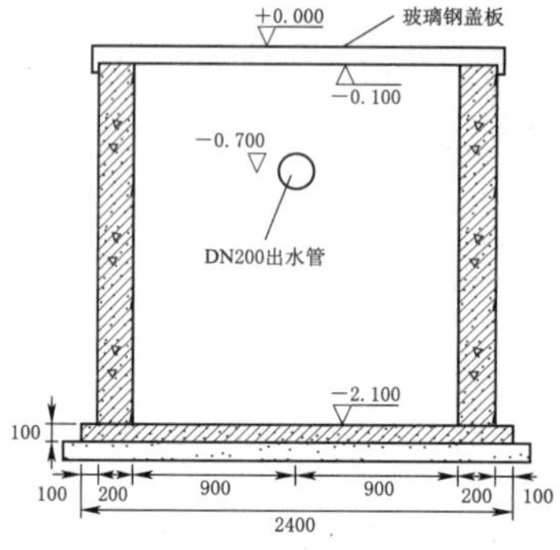

（c）B-B剖面图

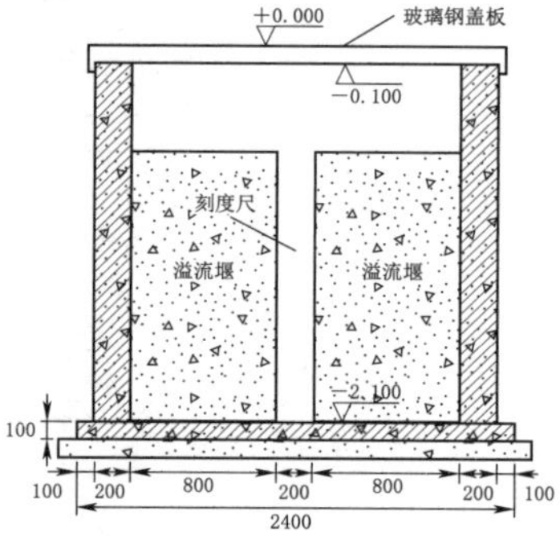

（d）C-C剖面图

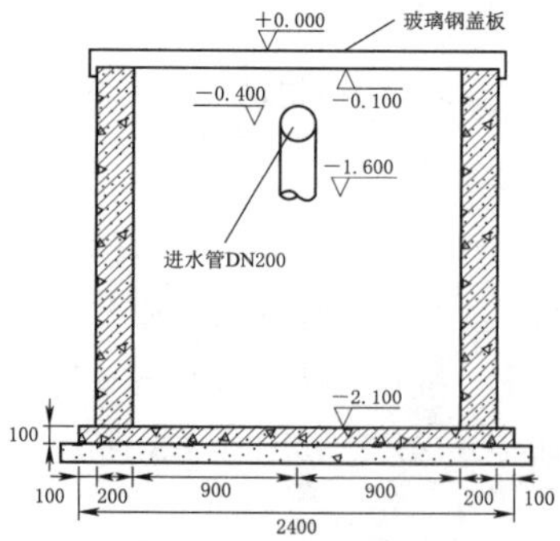

（e）D-D剖面图

图 4.54 沉沙池典型设计（高程单位：m；尺寸单位：mm）

方坡脚不受流水冲刷。

截水沟适用于城市建设商业办公项目、机场项目、电厂项目及山区公路项目等。

截水沟典型设计如图 4.56 所示，效果如图 4.57 所示。

4. 急流槽

急流槽指的是在陡坡或深沟地段设置的坡度较陡、水流不离开槽底的沟槽，以减缓流速、降低水流冲刷。

急流槽适用于水利、河道治理、环境保护等领域。

图 4.55 沉沙池效果

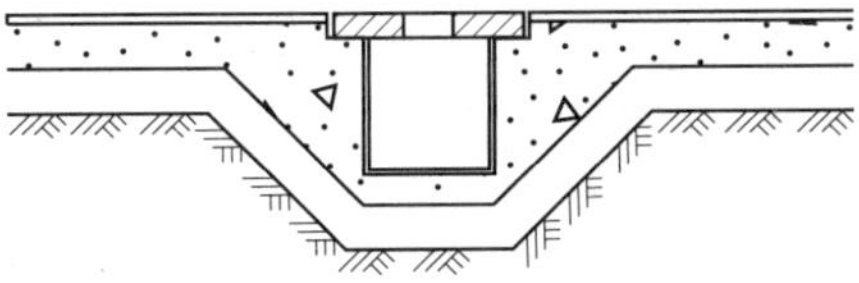

(a) 剖面图

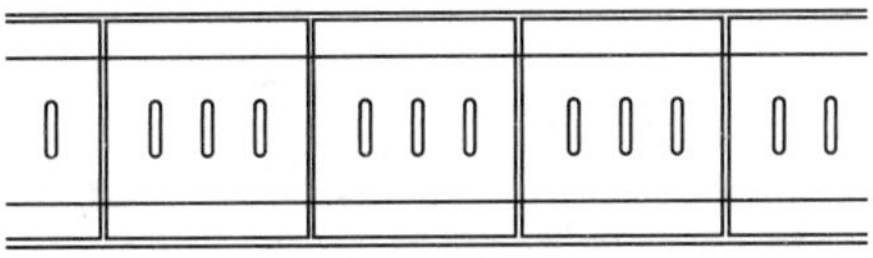

(b) 平面图

图 4.56 截水沟典型设计

图 4.57 截水沟（地下车库）效果

急流槽典型设计如图 4.58 所示，效果如图 4.59 所示。

5. 消能池

消能池是促使在泄水建筑物下游产生底流式水跃的消能设施。消能池能使下泄急流迅速变为缓流，一般可将下泄水流的动能消除 40%～70%，并可缩短护坦长度，是一种有效而经济的消能设施。

消能池适用于机场项目、电厂项目、公路项目及房地产项目。

消能池典型设计如图 4.60 所示，效果如图 4.61 所示。

4.2.2.2 生产建设项目径流调控措施在水土保持中的配置模式

城市水土保持应根据建设项目的种类与市政功能规划和行业规划相结合，突出城市水土保持的特点，制订有效的雨水收集与利用措施体系。

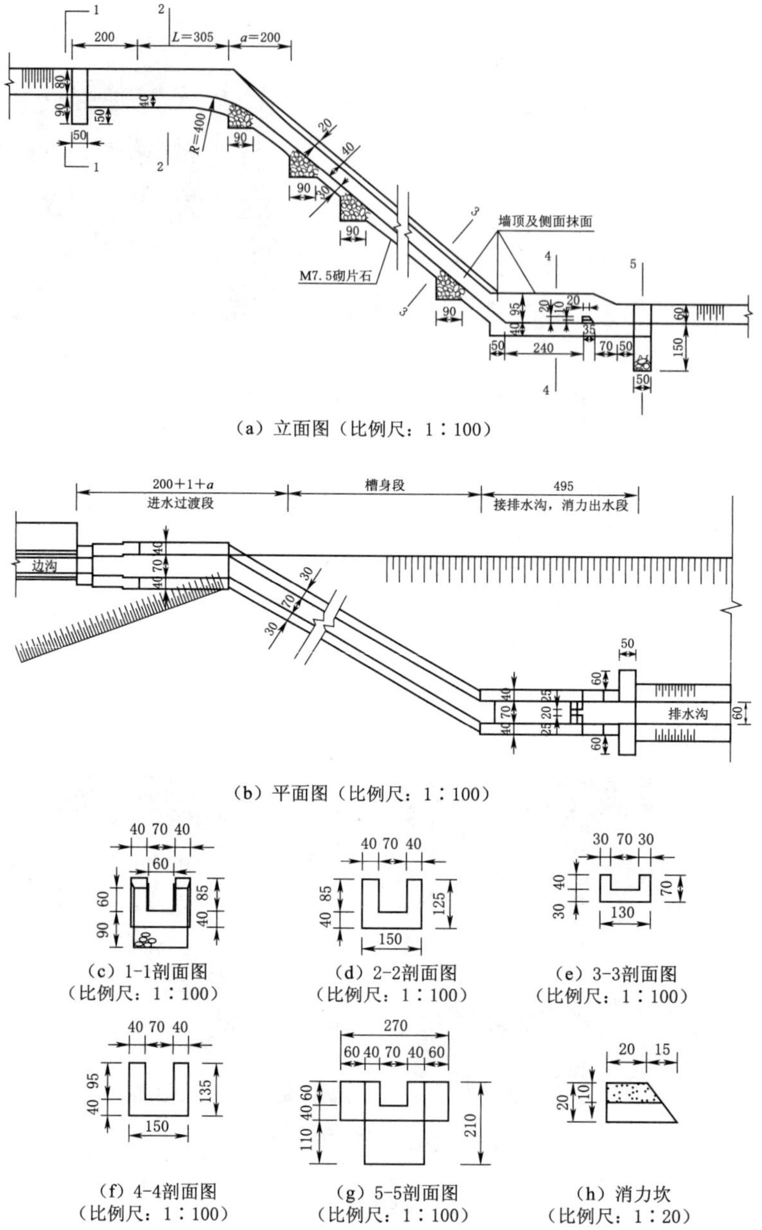

图 4.58 急流槽典型设计（单位：cm）

L—渐变段长度；a—溢流堰长度

1. 市政配套工程

市政配套工程主要包括公共交通、公共绿地、市政管线、广场及公园等，公共交通是贯穿整个规划区的联络网，公共绿地与市政管线一般沿公共交通道路布设，具有线性工程的特点，主要通过绿地下渗、建沉沙池及透水铺装等方式进行雨水收集与利用。其雨水收集与利用流程为：道路雨水—雨水措施（公共绿地＋透水铺装）—雨箅子—道路雨水管道—沉沙池—市政雨水管网。

图 4.59　急流槽效果

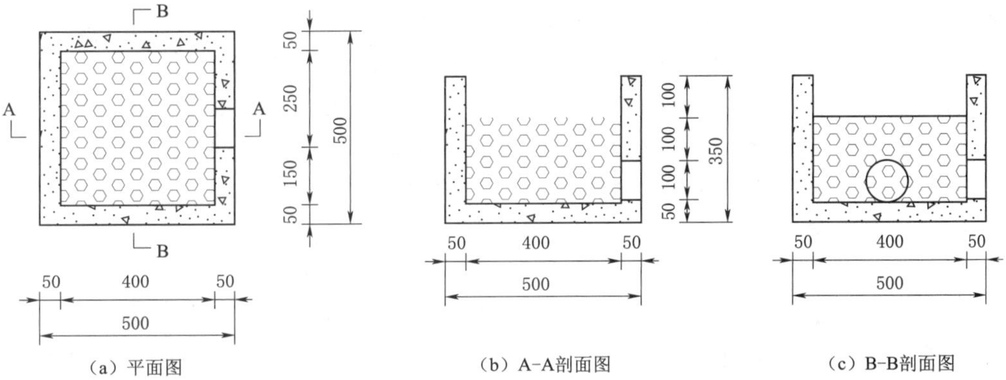

图 4.60　消能池典型设计（单位：mm）

图 4.61　消能池效果

市政配套工程雨水利用示意如图 4.62 所示。

2. 公建设施类项目

公建设施类项目包括学校、医院、文体设施，又称科教文卫类项目。作为社会公建设施，其人员往来密集，尽管常见的雨水收集与利用措施都可以使用，但出于来往人员安全

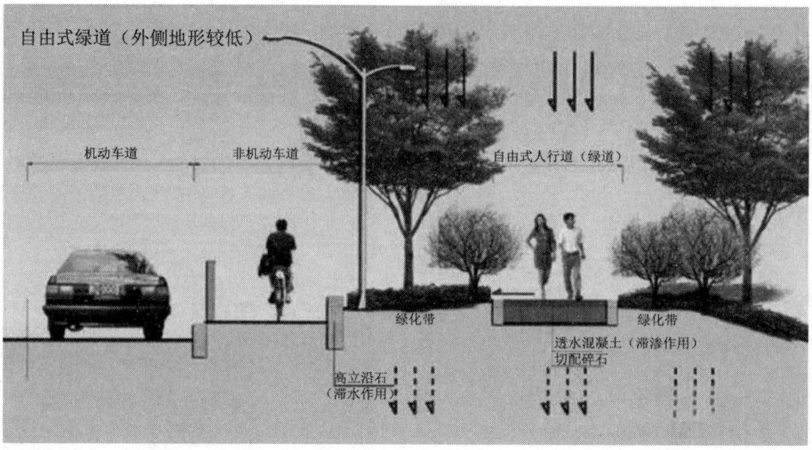

图 4.62　市政配套工程雨水利用示意

的考虑，一般采用下凹式绿地、路面透水铺装、植被（草）浅沟（适用于砂质土）等。其雨水收集与利用流程为：屋面雨水—雨落管＋道路雨水—雨水措施［下凹式绿地＋透水铺装＋植被（草）浅沟］—绿地内雨水口—小市政雨水管线—市政雨水管网。

公建设施类项目雨水控制与利用的目的是削减外排雨水峰值流量和径流总量，实现低影响开发及雨水的资源化利用。建设特点是使用人群较为特殊，老人与幼儿较多。因此，从安全角度考虑，该类项目的降水蓄渗措施以集蓄与入渗结合措施、降水入渗措施为主，配以适量的径流汇集措施。

3. *居民住宅类项目*

居民住宅类项目雨水收集与利用措施体系几乎可以涵盖所有的雨水措施，即主要包括下凹式绿地、集雨池、路面透水铺装、景观水池、植被（草）浅沟和渗水井（适用于砂质土）等。其雨水收集与利用流程为：屋面雨水—雨落管＋道路雨水—雨水措施［屋顶绿化＋下凹式绿地＋集雨池＋透水铺装＋景观水池＋植被（草）浅沟＋渗水井］—绿地内雨水口—小市政雨水管线—市政雨水管网。

居民住宅类项目雨水利用示意如图 4.63 所示。

居民住宅类项目雨水控制与利用的目的是削减外排雨水峰值流量和径流总量，实现低影响开发及雨水的资源化利用。建设特点是建筑密度较低，绿地较为集中，适宜布设各类水景观。因此，该类项目的降水蓄渗措施布设种类繁多，包括各种集蓄与入渗结合措施、径流汇集措施和降水入渗措施。

4. *商业办公类项目*

考虑到商业品质的要求及往来人员较多等因素，商业办公类项目雨水收集与利用措施在居民住宅类项目的基础上，部分项目增加了屋顶绿化及下沉式广场雨水收集措施。其雨水收集与利用流程为：屋面雨水—雨落管＋道路雨水—雨水措施［下凹式绿地＋集雨池＋透水铺装＋景观水池＋植被（草）浅沟＋渗水井＋屋顶绿化＋下沉式广场雨水措施］—绿地内雨水口—小市政雨水管线—市政雨水管网。

商业办公类项目雨水控制与利用的目的是削减外排雨水峰值流量和径流总量，实现低

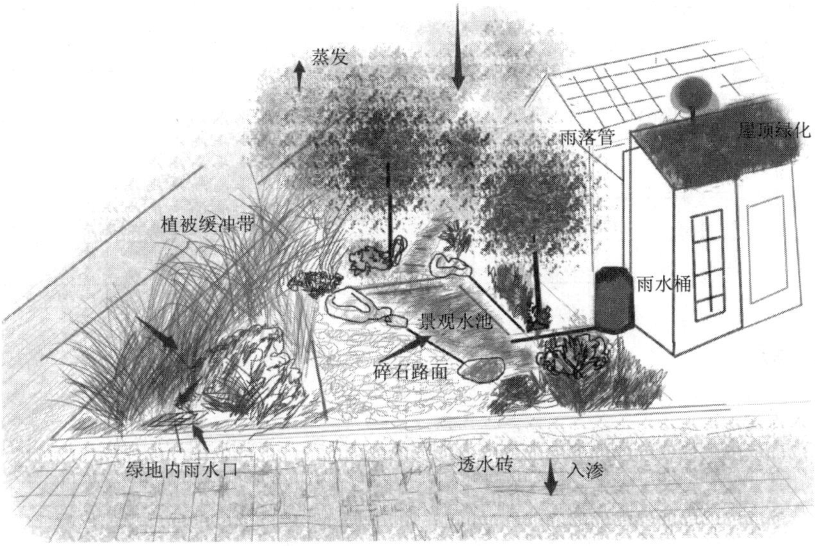

图 4.63 居民住宅类项目雨水利用示意

影响开发及雨水的资源化利用。建设特点是建筑密度较高，绿地比较分散，且覆土绿化比例较大，因此，该类项目的降水蓄渗措施为集蓄与入渗结合措施和径流汇集措施，配以适当的降水入渗措施。

5. 工业厂房类项目

工业厂房类项目采用的雨水收集与利用措施主要包括集雨池、植被（草）浅沟、下凹式绿地、道路透水铺装等。雨水收集方式为屋面雨水沿天沟、雨水立管落到消能池，然后流入下凹式绿地，并在绿地内布设一些植被（草）浅沟，加速雨水收集、入渗，多余雨水通过绿地内雨水口，与小市政雨水口相连接，流入集雨池，少量无法利用的雨水溢入市政雨水管网。其雨水收集与利用流程为：屋面雨水—雨落管＋道路雨水—雨水措施［下凹式绿地＋透水铺装＋植被（草）浅沟＋集雨池］—绿内雨水口—小市政雨水管线—市政雨水管网。

工业厂房类项目雨水控制与利用的目的是削减外排雨水峰值流量和径流总量，实现低影响开发及雨水的资源化利用。建设特点是建筑密度高，绿化率低，且布置分散，因此，该类项目的降水蓄渗措施以集蓄与入渗结合措施、径流汇集措施为主，配以适当的降水入渗措施。

城市生产建设项目雨水收集与利用措施配置模式汇总见表 4.3。

表 4.3　城市生产建设项目雨水收集与利用措施配置模式汇总

项目类型	雨水收集与利用措施											
	集雨池	景观水池	旱溪	人工湖	线性雨水蓄排系统	透水铺装	渗水井	下凹式绿地	植被（草）浅沟	渗透洼地	生物滞留设施	雨水花园
市政配套工程	√	√	√	√	√	√	√	√	√	√	√	√
公建设施类	√					√	√	√	√	√		

续表

项目类型	雨水收集与利用措施											
	集雨池	景观水池	旱溪	人工湖	线性雨水蓄排系统	透水铺装	渗水井	下凹式绿地	植被（草）浅沟	渗透洼地	生物滞留设施	雨水花园
居住民宅类	√	√	√	√		√	√	√	√	√		√
商业办公类	√	√	√	√		√	√	√	√	√		
工业厂房类	√	√		√	√	√	√	√	√	√		

注 “√”表示使用了该措施。

4.2.3 典型案例

1. 北京亦庄27号生态停车场

27号生态停车场位于北京亦庄荣华西二路，朝林大厦西侧。项目于2015年建成，占地面积约为2万m^2，设有停车位492个（含大车10个）、电动汽车充电桩20个。该项目是“十二五”国家科技重大水专项——低影响开发雨水系统示范项目，采用植草沟、生物滞留带、雨水花园等低影响开发雨水设施，通过调蓄、渗透、净化等方式，使项目年径流总量控制达到60%以上，每年控制雨水径流量约7000m^3，每年削减径流污染40%，延缓峰值流量，补充地下水，从而达到经济化、景观化、削减城市径流的目的。

项目在设计上考虑了低影响开发设施，为了不降低项目的使用功能，没有采用常用的透水砖，而是使雨水流入车辆不使用的空间，避免了停车场需要坚实的地面承载车辆与透水面承载能力差的矛盾。项目体现了低影响开发设施配置的基本原则：雨水由不透水面进入透水面，再由透水面里的渗透措施处理。场地内原有树木尽可能保留，树木的根系是良好的渗透设施。

北京亦庄27号生态停车场项目介绍如图4.64所示，雨水收集与利用措施如图4.65所示。

图4.64 北京亦庄27号生态停车场项目介绍

2. 北京亦庄赛诺菲（北京）制药有限公司雨水利用项目

赛诺菲（北京）制药有限公司地处北京亦庄兴盛街7号，公司前身为北京安万特制药有限公司，项目于2001年建成，总用地面积为40374.25m^2，建筑面积为8711m^2，绿地面积为20338.09m^2，其余为道路及铺砌面积。其雨水系统设计特点是设置明渠和池塘。屋顶雨水采用雨水立管、明渠、池塘收集，池塘具有调蓄和下渗功能。因项目是制药企

（a）停车场全景

（b）停车位坡向生物滞留带

（c）车位旁的豁口

（d）豁口处设置的用于拦截污染物的卵石

（e）保留的树木

（f）生物滞留带内的溢流口

（g）植草沟

（h）雨水花园

图 4.65　北京亦庄 27 号生态停车场雨水收集与利用措施

业，注重环境清洁，池塘底部铺满鹅卵石，雨水渗完后，阳光照在鹅卵石上，鹅卵石蓄热，而高温会抑制蚊虫的滋生。

绿色建筑设计中提倡池塘设计，利用池塘为鸟兽提供饮水地，丰富地方生态环境。池塘吸引了雨燕，这在亦庄地区少有。项目至今运行了 20 年，可见这种设计具备良好的持续性。

北京亦庄赛诺菲（北京）制药有限公司雨水收集与利用措施如图 4.66 所示。

(a) 池塘全景

(b) 屋顶的雨水立管

(c) 池塘雨水进水口

(d) 为鸟兽提供饮水的池塘一角

(e) 雨后的池塘

图 4.66 北京亦庄赛诺菲（北京）制药有限公司雨水收集与利用措施

3. 北京亦庄北京市电力公司项目

北京市电力公司办公区（原北工大软件园二期）项目位于北京亦庄地盛北街 2 号，建成于 2013 年 6 月，总用地面积为 41300m^2，建筑面积为 77000m^2。项目总投资为 4.99 亿元，其中雨水利用和水土保持措施投资约为 132 万元。原来的景观和室外排水工程设计包括：①屋面雨水—雨水管道—雨水收集池；②道路、绿地雨水—雨水明渠—雨水收集池；③绿地以微地形为主。

按照水土保持的要求，新的方案如下：

(1) 屋面雨水由室内雨水管道在接近地面处外接到绿地，散水为暗散水。室外绿地低于步道，有利于收集雨水，雨水一般情况下溢流入雨水明渠，最终流入绿地内渗水井、渗沟，补充地下水，通过植被根系灌溉。

(2) 道路、梯田式绿地雨水—雨水明渠—渗水井、渗沟—补充地下水—植被根系灌溉。

(3) 绿地分为四种形式：建筑边绿地是下凹式绿地，收集屋顶雨水；梯田式微地形通过阶梯绿地收集绿地雨水；丘陵式微地形在山脚处设置渗水带；广场式绿地设置树阵和渗沟。

(4) 局部绿地以渗水井为核心，建设植物群落。新的方案取消了雨水收集池，降低了投资。

北京亦庄北京市电力公司雨水收集与利用措施如图 4.67 所示。

(a) 外接的室内雨水管道

(b) 暗散水

(c) 采用梯田形式的绿地

(d) 截留高台上的雨水的梯田式绿地

(e) 挡土墙的渗透明渠

(f) 明渠

图 4.67 北京亦庄北京市电力公司雨水收集与利用措施

4. 北京亦庄奔驰前驱车型（MFA）厂区雨水系统与水土保持项目

奔驰前驱车型（MFA）厂区位于北京亦庄路南区瑞合路 18 号，厂区总面积约为 220 万 m^2，厂区规划了 5 个人工湖。建设项目的剩余土方用于规划厂区垫土，开发后的场地高程比之前的高程提高 1m 左右。2012 年，厂区启动建设一期工程。厂区的特点是：①面积大，场地平整；②厂区存在下沉区域，如卸货区；③部分室外场地用于存放货物、成品车辆；④厂区绿地下方敷设管线；⑤厂房屋顶面积大，采用虹吸排水。厂区雨水需要快排，并具备大的调蓄容积。为此，整个厂区规划了 5 座人工湖，一期建成 3 座，调蓄容积分别为 9909m^3（湖 1）、10423m^3（湖 2）、2500m^3（湖 3）。二期预留地存放了大量区内土方。

以湖 1 为例，其靠近厂区正门，在满足预防洪涝功能的前提下，增加了景观效果，名为星愿湖。星愿湖占地总面积为 16000m^2，由三部分组成：6033m^2 的景观湖，4254m^3 的地下雨水收集池及 9967m^2 的绿化及配套设施。湖区与地下雨水收集池相组合，调蓄雨水总量为 9252m^3，园林景观兼顾雨水调蓄和循环利用，形成完善的绿色生态系统。雨水调蓄以一次降雨为一个周期，降雨开始后雨水进入调蓄设施，降雨结束后排空雨水调蓄设施内雨水，待下次降雨循环使用。湖内设置泵站，降雨时，雨水进入人工湖。降雨后，12h 人工湖排空。

北京亦庄奔驰前驱车型（MFA）厂区雨水系统与水土保持措施如图 4.68 所示。

（a）厂区绿地下方管线

（b）厂区下沉卸货场

（c）人工湖布置图

（d）厂区星愿湖

（e）可供雨水快速排入的人工湖

（f）湖内设置的可保证12h排完存水的强排泵

图 4.68 北京亦庄奔驰前驱车型（MFA）厂区雨水系统与水土保持措施

5. 北京亦庄经开汀塘防洪与雨水利用设计项目

经开汀塘位于北京亦庄路东区科创十一街 1 号院，2017 年建成。项目占地面积为

3.03hm^2，建筑控制高度为45m，建筑密度为30%，容积率为2.0，绿化率为30%，总建筑面积为99865m^2，其中地上建筑面积为60676m^2，地下建筑面积为39189m^2。项目主要建设内容为3栋公共租赁住房、7栋商品房、1栋公共服务配套用房等。

项目配建雨水调蓄设施，雨水调蓄容积不小于345m^3，通过集雨池、渗水井、集雨式绿地等对雨水进行收集。项目区北侧绿地布设3座渗水井、2座玻璃钢形式的单体容积为75m^3的集雨池，范围绿地面积共计1.27hm^2，其中集雨式绿地0.67hm^2。

项目位于通惠排干渠的左岸，且为雨水分区的下游。项目南侧科创十一街接过河桥，桥面抬高相邻路面。这些因素增加了城市道路洪水、河水倒灌的风险。为此，项目加大土方就地平衡力度，临河一侧高差达1.2m左右；与城市道路的出入口保持0.6～1m的高差。

北京亦庄经开汀塘防洪与雨水利用设计如图4.69所示。

(a) 项目与河岸高差（1.2m左右）

(b) 地下车库与科创十一街的坡度

图4.69 北京亦庄经开汀塘防洪与雨水利用设计

6. 北京亦庄BDA国际企业大道雨水利用项目

BDA国际企业大道位于北京亦庄景园北街2号，项目占地面积为30万m^2，建筑由企业独栋、高档写字楼组成。项目的景观设计营造依山傍水的办公环境，提出“水景、果岭、健康企业、健康工作”的设计概念，具体有三个特点：

(1) 以地形创造山形意境。通过微地形处理形成在该地区有特色的、景观变化丰富的、富有趣味的山形景观。配合种类丰富、疏密有致的植物，营造多层次、多形式的景观效果。

(2) 以水景实现近水办公。水景的处理虽然以简约设计为前提，但宽成潭、窄成溪、旱成滩等不同处理手段，依然带来丰富多样的景观感受。

(3) 种植。选择植物品种时，在美观的基础上更注重生态效应，形成以乡土树种为主的乔、灌、花、草、常绿植物合理配置的复层植物群落、疏林草地、水生植物等。园内的边界选用抗病虫害、生长适应性强的风景树种，并与周边环境协调。

项目雨水利用的特点为：仿照自然起伏的地形存蓄、下渗雨水，有水无水皆是景；水景符合北京地区汛期短、非汛期长的降雨分布，不刻意营造大规模的水体；建筑屋面雨水由雨水立管流入绿地，地面利用景观坡度、旱溪汇集雨水，完全依靠地面有组织地排水，以控制雨水的流向，取消雨水管道。

项目的主体设计是一家外国公司。最终，国内一家景观设计公司凭借一张概念设计图，表达项目错落的地形和地面有组织的排水，切合主体设计的思路而中标。

北京亦庄 BDA 国际企业大道雨水利用情况如图 4.70 所示。

(a) 日常景观

(b) 下雨时的状况

图 4.70　北京亦庄 BDA 国际企业大道雨水利用情况

7. 北京亦庄荣华国际中心渗透设施与植被设计项目

荣华国际中心项目位于北京亦庄荣华南路 10 号，2013 年 12 月完工。项目为写字楼、酒店公寓，占地面积为 $2.97hm^2$，建筑面积为 $118993m^2$，其中地上建筑面积为 $88993m^2$，地下建筑面积为 $30000m^2$。建筑控制高度为 79.9m，绿化率为 32%，建筑密度为 25%。

项目雨水系统的特点如下：

(1) 项目南侧地面坡向绿地汇水方向为：建筑外墙—道路—停车场—草坪。雨水口设在草坪，草坪下设渗沟。降雨量小时，雨水流入草坪，由渗沟直接渗入地下；降雨量大时，排水超过草坪蓄水、入渗能力，积水经雨水口排入市政雨水管道。

(2) 项目北侧地面坡向绿地汇水方向为：建筑外墙—道路—绿地。绿地内设置渗井，渗井为树木提供灌溉用水并回补地下水。绿地总体下凹，同时满足微地形的景观效果。

北京亦庄荣华国际中心渗透设施与植被设计如图 4.71 所示。

(a) 南侧绿地内设置的雨水可就地灌溉的渗沟

(b) 绿地内设置的渗井

图 4.71　北京亦庄荣华国际中心渗透设施与植被设计

8. 北京亦庄 X35 地块公共雨水调蓄项目

X35 地块公共雨水调蓄设施位于北京亦庄河西区泰河三街，项目于 2010 年建成，占地面积为 $20hm^2$，其中水域面积为 $12hm^2$。X35 地块原本规划为工业用地，后长期无人管理，导致非法挖沙形成沙坑，同时内有大量建筑垃圾，最终土地因无法作为工业用地使用而改为公园。为加大雨水的收集量，调整项目周边的市政雨水管线，扩大了汇水范围。汇水范围包括 12 个地块，面积共计约为 79 万 m^2。可调蓄 50 年一遇的洪水量，调蓄容积为

20 万 m^3。项目直接服务了奔驰厂区，改善了厂区排水条件。

北京亦庄 X35 地块公共雨水调蓄效果如图 4.72 所示。

(a) 市政雨水接入沙坑

(b) 雨水经过前置塘进入人工湖

图 4.72 北京亦庄 X35 地块公共雨水调蓄效果

9. 北京亦庄路东区蓄滞洪区-通明湖项目

北京亦庄是低洼地区，又是人口、高端产业密集区，需要高标准的内涝治理措施。路东区蓄滞洪区的排涝标准采用 20 年一遇洪水设计，汇水范围为 7.6km^2，在通惠排干渠两侧分为东、西两个汇水区，其中东侧汇水范围为 1.6km^2，对应的蓄滞洪区规划面积为 15.48hm^2，调蓄水量为 13 万 m^3。西侧汇水范围为 6.0km^2，对应的蓄滞洪区规划面积为 42hm^2，调蓄水量为 57 万 m^3；雨水先进入东、西两个人工湖，再通过节制闸最终排入凉水河。规划预留了强排泵站，可进一步提高防洪排涝标准。

按照蓝绿结合的原则，蓄滞洪区用地和城市绿地采取分时共享模式，2013 年 6 月在蓄滞洪区的基础上建成了通明湖公园。两个人工湖在通惠排干渠两侧，形似日月而取名通明湖，成为北京亦庄新城滨河公园的组成部分。公园占地 73hm^2，非汛期湖面面积为 43 万 hm^2，绿地面积为 30hm^2。汛期人工湖服从内涝治理的要求，必要时公园封闭，保证人员安全；非汛期，营造良好的滨水景观，并提供鸟类栖息地，形成人与自然和谐的环境。

湖内和周边护坡种植黄菖蒲、水葱、睡莲、荷花、千屈菜、水生鸢尾、美人蕉、梭鱼草、香蒲、芦苇等水生及亲水植物约 8.5 万 m^2，利用植物根茎净化水质。湖内设有 6 个浮岛式解层式太阳能曝气机、2 个推流机，保持水质清洁。

北京亦庄路东区蓄滞洪区-通明湖治理效果如图 4.73 所示。

(a) 西湖景观

(b) 西湖的节制闸

图 4.73 北京亦庄路东区蓄滞洪区-通明湖治理效果

10. 北京亦庄京东方研发与运营中心防洪设计项目

京东方研发与运营中心位于北京亦庄西环中路12号，于2014年建成。项目占地面积为27500m^2，其中主体建筑物7000m^2，道路广场16100m^2，绿化用地4400m^2。项目总建筑面积为60387m^2，其中，地上建筑面积为41215m^2，地下建筑面积为19172m^2。建筑密度为25.25%，绿地率为16%，容积率为1.5。

原来的方案设计为：主体建筑是“日”字形布局，设置两个露天中庭。屋面雨水先入中庭，由中庭通过地下车库，流入雨水收集池。汇水方向为：绿地、道路、广场的雨水—雨水管道—雨水收集池。

在对项目洪涝风险进行分析时发现隐患：项目位于雨水分区的下游，距凉水河很近；建筑屋面排水经过地下车库导致雨水管管底高程低，雨水收集池溢流口管底高程低。在这两个不利条件的作用下，20年洪水水位基本淹没该项目的雨水支管，雨水、河水容易倒灌。水土保持方案将消除隐患作为重点。

修改后的方案设计如下：

(1) 加大土方就地回填的力度，垫高场地，项目室外场地与城市道路保持0.8～1m高差。

(2) 建筑在台式绿地上修建，地下停车库入口、大门入口等处合理控制高程。

(3) 屋顶雨水立管设置在建筑外墙，底层雨水立管采用廊柱形式，将屋面雨水汇入方向设为：绿地内的渗沟—雨水管道—雨水收集池。雨水立管与建筑的外立面协调一致，渗沟部分替代雨水收集池的容积。

(4) 内庭雨水的汇入方向为：暗渠—雨水管道—雨水收集池。雨水管道走地下停车库上方，提高了雨水管的管底高程。

北京亦庄京东方研发与运营中心防洪设计效果如图4.74所示。

(a) 经消能后排入绿地的屋面雨水排水　　(b) 绿地内设置的渗井

图4.74　北京亦庄京东方研发与运营中心防洪设计效果

11. 北京亦庄亦城文园防洪防涝与雨水利用设计项目

亦城文园位于亦庄路东区科创十街5号院，是产业配套人才公租房项目，于2016年完成竣工验收。园区总占地面积为31972m^2，总建筑面积为82474.51m^2，其中地上建筑面积为63135.8m^2，地下建筑面积为19338.71m^2，绿地面积为3640.77m^2。

项目包含6幢住宅楼、1栋商业楼、1栋综合楼，居住总户（套）数为820户，地上及地下车库共计341个。项目公建配套设有社区卫生服务站、文体活动中心、社区居民委员会和商业，为入住企业和客户提供了功能多样化的居住生活配套设施。

路东区是低洼区，为了排水，路东区设置了蓄涝区。项目雨水系统的特点如下：

(1) 在场地设计的基础上采用中心高、四周低的地表高程控制，场地高程大于城市道路高程。在极端天气下，项目雨水可以通过小区道路、绿地漫流到城市道路上。

(2) 利用地下停车库提高项目的地表高程。

(3) 项目的高程设计考虑了与已有小区的关联。项目在已有小区的一侧增加了排水沟，避免项目雨水流入高程低的已有小区。

(4) 项目于实土绿地设置了一组渗井。

北京亦庄亦城文园防洪防涝与雨水利用设计效果如图 4.75 所示。

(a) 场地内增加的截水沟 (b) 地下车库的反坡

图 4.75 北京亦庄亦城文园防洪防涝与雨水利用设计效果

12. 北京亦庄博大公园项目

博大公园位于北京亦庄荣华中路 15 号博大大厦北侧，项目于 2009 年竣工，占地约 $18hm^2$，其中绿化占地 $14hm^2$，水体占地 $1.6hm^2$，总投资约 4500 万元。北京亦庄博大公园鸟瞰图如图 4.76 所示。

图 4.76 北京亦庄博大公园鸟瞰图

博大公园设计特点如下：

(1) 公园通过科学的竖向布置，将市政雨水系统和公园雨水系统结合起来，兼具城市防洪防涝和景观的功能。公园内设置高、低两个人工湖。高湖常水位与城市道路相同。低湖常水位低于城市道路，常水位与城市道路之间的高差为 3～4m，形成了的洼陷地域，使其具有 3 万～4 万 m^3 的调蓄容积，以应对极端降雨，接纳城市道路漫流的洪水。

（2）雨水和地下水联合调度，保障公园和绿化用水。公园内部采用了透水铺装、植草沟、沉沙池、生态沟等措施或设施净化水质。一般降雨时，低湖收集自身与公园内部的雨水，超过景观水位的雨水漫流到周边的入渗区域，回补地下水。公园进行日常绿化。公园内设置地下水监测井，长年观测表明，公园用水系统实现了雨水和地下水的联合调度，地下水水位保持不变。

（3）高湖和低湖之间有生态沟相连，沟内设置跌水设施和净水植物，通过水泵将低湖水提升到高湖，形成了循环净化，加上雨水和地下水联合调度，湖水水质在非汛期为Ⅳ类、汛期为Ⅲ类。

北京亦庄博大公园水土保持效果如图 4.77 所示。

（a）雨水由植草沟汇流进入低湖

（b）生态沟内种植的净水植物

（c）设置的可增加曝气的跌水

（d）考虑了在暴雨湖水溢出时人流安全的湖边绿地坡度

图 4.77　北京亦庄博大公园水土保持效果

4.3　城市生态修复与景观提升

生态修复（ecological remediation）是在生态学原理指导下，以生物修复为基础，结合各种物理修复、化学修复以及工程技术措施，通过优化组合，使之达到最佳效果和最低耗费的一种综合的修复污染环境的方法。生态修复的顺利施行，需要生态学、物理学、化学、植物学、微生物学、分子生物学、栽培学和环境工程等多学科的参与。对受损生态系统进行修复与维护涉及生态稳定性、生态可塑性及稳态转化等多种生态学理论。

景观提升旨在通过改造和优化自然景观或人文景观，提升其美学价值、生态功能或文化意义。通过景观提升，可以创造更加宜居、宜游的环境，提高人们的生活品质和幸福感。

生态修复与景观提升是相互依存、相互促进的关系。通过科学合理的规划和措施，可以实现生态系统恢复与景观质量提升的双重目标。

城市生态修复与景观提升是构建北京花园城市的关键路径。通过“修复退化土地，让自然恢复生机与活力；净化水体、改善水质，促进河流湖泊的健康发展；为裸岩增添绿装，让矿山焕发新生；恢复湿地生态系统，保护地球之肾。养护城市绿肺”，基于生态学、林学、环境科学、水土保持与荒漠化防治的理论，还需结合景观学、信息科学、大数据分析，可监测生态修复进程。简而言之，要想成为大自然的“医生”，各个专业领域必须协同“会诊”，以实现城市生态修复与景观提升的目标。

4.3.1 城市规划对于城市生态修复与景观提升的重要作用

国家发展改革委、自然资源部印发的《全国重要生态系统保护和修复重大工程总体规划（2021—2035年）》，围绕全面提升国家生态安全屏障质量、促进生态系统良性循环和永续利用的总目标，以统筹山水林田湖草一体化保护和修复为主线，提出了“坚持保护优先、自然恢复为主，坚持统筹兼顾、突出重点难点，坚持科学治理、推进综合施策，坚持改革创新、完善建管机制”等基本原则。

《中共北京市委办公厅、北京市人民政府办公厅关于深化生态文明实践推动首都花园城市建设的意见》提出：“花园城市是国际一流的和谐宜居之都建设内在要求，是全域森林城市、公园城市的赓续发展，是建设美丽中国的北京方案。”

4.3.2 园林景观设计在城市生态修复与景观提升中的作用

园林景观设计是生态修复实现的重要手段，树立景观提升目标后，综合多元思维渠道，通过感性思维为生态空间划定一个景观主题，再将这个主题划分为若干概念，每个概念采用完全不同的形态，每种形态朝着主题方向发展，其中铺装是一个分支概念，水景观与生态修复是一个分支概念，园林植物是另一个分支概念，三者融入园林景观设计中，再将每个元素应用到相应场景，完成一个主题的诠释，从而在生态修复过程中达到景观提升的目的。

4.3.2.1 铺装在生态修复与景观提升中的作用

1. 雨水收集与净化作用

（1）透水铺装能够有效地收集雨水，减少雨水直接从地面流失的状况，从而维持地下水文的自然生态平衡。

（2）透水铺装及其下部透水垫层不仅具有过滤雨水的作用，还能通过土壤微生物对雨水中的有机杂质进行生物净化，进一步降低地表雨水径流和路面上的污染物，有利于减少二次污染。

2. 减少城市热岛效应

（1）透水铺装能够减少城市地面的热量吸收和反射，从而降低城市温度，缓解城市热岛效应。针对太阳辐射，不同的铺装材料，吸附系数不同，混凝土类路面为65%，砖类路面为70%，沥青路面为81%。这些性质可以改变小环境温度，例如混凝土嵌草砖铺设的路面相比满铺混凝土的路面，在距离地面10cm高处的温度约低2℃。

（2）铺装地面上种植的植被能够通过蒸腾作用释放水分，进一步降低周围环境的温度。

3. 景观提升作用

(1) 空间界定与划分。通过铺装材料或样式的变化来界定空间，可以实现空间的分割和变化。在园林设计中，铺装可以用来区分不同的功能区域，如步行区、休息区和娱乐区，从而增强景观的层次感和功能性。

(2) 美化环境与提升品位。铺装材料的选择和组合能够显著提升景观的美感。通过合理的铺装设计，可以创造出独特的视觉效果和氛围，使景观更加引人入胜。例如，鹅卵石、石板等自然材料的运用能够营造出自然、野趣的氛围，而规则的石材铺装能展现出精致、典雅的风格。

(3) 视觉引导与意境营造。铺装线条的变化可以引导游人的视线，强化空间感。通过铺装图案的设计，可以传达出特定的主题或意境，使景观更具文化内涵和艺术价值。如在纪念性空间中，可以使用具有象征意义的铺装图案来强化主题；在休闲空间中，则可以使用轻松、自然的铺装风格来营造轻松愉悦的氛围。彩色透水混凝土铺装运用于大面积广场，既在图案组成上形成色彩变化，又在改变环境方面发挥作用；嵌草砖铺装运用在停车场，碎石铺装安排在花境旁，可改变其视觉效果，提升景观品质，改善视觉疲劳。

综上所述，铺装在生态修复与景观提升中发挥着多重作用。通过合理的铺装设计和选择，不仅可以实现生态功能的恢复和提升，还能创造出美观、实用且富有文化内涵的景观环境。

透水铺装路面效果如图 4.78 所示。

(a) 透水混凝土路面

(b) 透水塑胶路面

图 4.78 透水铺装路面效果

4.3.2.2 水景观和生态修复与景观提升的关系

1. 水景观和生态修复的关系

(1) 水景观的生态功能。水景观不仅具有观赏价值，还承载着重要的生态功能。例如，它可以为城市提供清洁的水源，调节城市微气候，增加空气湿度，减少城市热岛效应等。水景观中的水生植物和动物群落能够维持生态平衡，促进生物多样性。

(2) 生态修复在水景观中的应用。受到污染或破坏的水体，利用生态修复技术可以恢复其水质，重建水生生态系统。生态修复技术包括植物修复、水质净化、人工湿地等，这些技术不仅可以改善水质，还能为水景观增添自然元素，提升其生态价值。

(3) 水景观和生态修复的相互促进。健康的水景观能够吸引更多的生物栖息，进一步促进生物多样性的增加。生物多样性的增加又能够增强水景观的生态稳定性，使其在面对外界干扰时更具韧性。

2. 水景观和景观提升的关系

(1) 水景观在景观提升中的作用。水景观是城市景观的重要组成部分，通过合理的规划和设计，可以显著提升城市的美观度和宜居性。水景观的打造可以融合自然与人文元素，创造出独特的城市风貌和文化氛围。

(2) 景观提升对水景观的积极影响。景观提升往往包括水体净化、河岸绿化、亲水设施建设等内容，这些措施能够进一步美化水景观，提升其观赏价值。

自然水景必须服从自然生态景观，关注自然水景线与局部环境水体的空间关系，充分发挥自然条件，“保护优先、尊重自然”。

驳岸是水景观中重点处理的部位。驳岸与水景线形成的连续景观线的协调性，取决于驳岸与水面的高差关系，还取决于驳岸的类型及用材关系的选择。驳岸类型及其所需材质见表4.4。

表4.4　驳岸类型及其所需材质

驳岸类型	所需材质
普通驳岸	砌块（砖、石、混凝土）
缓坡驳岸	砌块、砌石（卵石、块石）、人工海滩沙石
带河岸裙墙的驳岸	边框式绿化、木桩锚固卵石
阶梯驳岸	踏步砌块、仿木阶梯
带平台的驳岸	石砌平台
缓坡、阶梯复合驳岸	阶梯砌石、缓坡种植保护

驳岸类型的选择要根据驳岸在水生态修复中规划要求其发展的具体情况而定。

1) 景观提升必然从水生态修复着手，水生态修复措施有生态补水、水质改善、生境修复、生物多样性提升等。水生态修复措施见表4.5。

表4.5　水生态修复措施

生态修复	具体措施
生态补水	①应结合可供水资源量、生态保护目标，对河湖开展生态需水分析，结合水生生物需求，合理确定补水水量、方式、时段；②再生水、雨洪水无法保障生态基流，且具备外调水补水条件的区域，可在充分论证的基础上，利用外调水实现水量保障；③利用外调水实现水量保障时，应保障其水质类别不低于水功能区划、水质断面考核的水质要求，并预防补水过程中的外来物种入侵风险
水质改善	①对水质不达标的水体，应根据污染源类型，在溯源分析基础上，因地制宜采取点源污染治理、面源污染拦截、内源污染控制及水体自净能力提升等技术，综合施策，进行水质改善；②对具有关键敏感物种、水质变化频率高的区域，加大监测频次，保障水质，以满足敏感生物的需求
生境修复	①对于连通性受阻、不满足基准要求的河湖水系，应逐步拆除已丧失水资源、洪水调蓄功能和阻断连通性的闸坝，确需保留的宜进行生态化改造或完善生物连通设施；②对于栖息地受损、不满足基准要求的河湖水系，应结合大型底栖动物、鱼类、鸟类、两栖类等的栖息需求，恢复滩、洲、潭等多样化生境，重塑健康自然的河湖岸线；③对于因非特殊需求进行整体渠化硬化、人工裁弯取直的河湖水系，宜开展三向连通性修复、河流蜿蜒性修复、河滨带和湖滨带保护、断面形态多样性修复、生境多样性营造等措施

续表

生态修复	具体措施
生物多样性提升	①当区域内生物结构、功能完整性受损，不满足基准要求时，根据水域生境条件、生态承载力、放流对象生存力、食物网结构等因素，可采取增殖放流等方式进行食物网恢复；②在进行生物多样性提升前，宜完成水质改善等前置措施；③应优先进行水生大型维管束植物群落构建，选取本土植物，并结合优势种生长繁殖特性，严格论证种类、数量、密度，科学合理进行种植，防止优势种泛滥；挺水植物和湿生植物宜按照成丛随机方式种植，不宜按行间距均匀种植，沉水植物、浮叶植物和漂浮植物可按照随机播撒方式种植；④水生动物的增殖放流应结合水体水质、水深、流速等，按适宜比例投放大型底栖动物、鱼类等水生动物恢复食物网；所投放的水生生物应以本地物种为主，不可使用外来物种；⑤针对流域内特定物种、保护物种种群数量极低且其生存环境被严重破坏或不复存在时，应按照《河湖生态系统保护与修复工程技术导则》（SL/T 800—2020）有关要求，通过生物栖息地重构或替代生境重构特定物种栖息地，并在此基础上进行特定物种增殖放流，逐步恢复水生生态系统结构功能

注 主要内容引自《水生态修复指南》。

2）景观提升还能够增强水景观的实用功能，如提供休闲娱乐场所、改善城市生态环境等。

庭院水景是水景观实用功能的具体体现。庭院水景以人工水景为主，人工水景以灵动的特点，借助水的力量，通过科技手段，实现水与自然的和谐。引水造景是人工水景的特色，结合雨水收集和利用措施，通过综合设计，将人工水景与自然水景融为一体。庭院水景的形式及其功能、措施见表 4.6，水景观和生态修复效果如图 4.79 所示，跌水效果如图 4.80 所示。

表 4.6 庭院水景的形式及其功能、措施

形　式	功　能	措　施
跌水（人造瀑布、叠水）	改变大气环境、水生态环境、小生境，曝气	跌水是呈阶梯式的多级跌落瀑布，其梯级宽度比宜为 1∶1～3∶2，梯面宽度宜为 0.3～1.0m
溪流	雨水收集与利用措施中，可以充分考虑调蓄功能	可涉入式溪流水深应小于 0.3m，以防儿童溺水，水底做防滑处理。可供儿童戏水的溪流，应安装当地水循环和过滤装置。不可涉入式溪流可种植水生植物，增强观赏性和趣味性，也可在设计时考虑增加适当的调蓄功能，在雨季时能分担一部分环境中的雨水
生态水池（雨水花园）	通过生态水池调节小气候、美化环境，为整体环境的美观、和谐、自然发挥作用	生态水池水深根据水下生物种类、数量和水草生存深度而定，一般为 0.3～1.5m，为了不受路上动物侵扰，池边平面与水面高差为 15cm，水生植物可选择挺水植物、沉水植物、浮水植物，选择的植物要与周围环境相协调
涉水池	设置水质过滤装置，保持水的清洁，以免儿童误饮而引起疾病	水下涉水池主要用于儿童嬉水，深度不得超过 0.3m，池底做防滑处理，不能种植苔藻类植物；水上涉水池主要用于儿童跨越水面，应设置安全可靠的踏步，面积不小于 0.4m×0.4m，并满足连续跨越的要求

（a）水生植物

（b）植被缓冲带

（c）缓坡、阶梯复合驳岸

（d）冬日里的黑天鹅

图 4.79　水景观与生态修复效果

图 4.80　跌水效果

3. 生态修复与景观提升的结合

在进行生态修复时，可以融入景观设计的理念和方法，使修复后的水体不仅具有生态功能，还具备观赏价值。

同样，在景观提升过程中，也应注重保护和恢复生态系统的完整性，确保景观的可持续性。

综上所述，水景观、生态修复及景观提升之间存在着密切的联系，并相互作用。通过合理的规划和设计，可以实现三者的有机结合，共同推动城市生态环境的改善和提升。

4.3.2.3 园林植物在生态修复与景观提升中的作用

园林植物是园林景观营造过程中的重要因素之一，植物和水除了能够改善气候、提高环境质量，通过对绿地和绿色空间进行设计，还可以创造特殊的意境和氛围。植物景观设计是生物科学与艺术相结合的学科。植物景观设计是在了解每一种园林植物的生态学特性、生态习性和观赏性的基础上，模拟自然群落设计出与园林规划思想、立意相一致的各种空间，创造出不同氛围。

1. 生态修复中的植物营造空间构成

植物材料可营造多变的空间感，增加层次和深度。以植物中的高大乔木为背景，花灌木为第二层次，低矮灌木为第三层次，草坪及花卉等地被植物组成更低层次的群落，从而使植物群落高低错落有致。通过布设不同的植物品种，将空间分隔成不同生境，创造出不同的视觉效果。这样区域内生态系统得到修复，同时景观得到提升。

2. 植物的观赏价值

园林植物有其自身特点，现在常说“三季有花，四季有景”，就是在形容园林植物的季相特征，即春季繁花似锦，夏季绿树成荫，秋季硕果累累，冬季枝干遒劲。选择植物时，应充分考虑植物的生物学特性，从植物自身特点出发，实现“三季有花，四季有景”。

3. 生态修复的作用

植物在植物造景中除直接发挥其观赏价值外，对生态环境的影响也功不可没，例如净化空气、保持水土、涵养水源、调节气候。植物在生态修复工程中发挥着不可替代的作用，随着生态景观建设的深入，植物景观的作用发生外溢，从观赏植物发展到营造不同生态意境及保护生物多样性，维持城市生态平衡，进入自然的高层次阶段。

植物有“城市绿肺”的美称，在园林植物中配置功能植物，可以很好地调节空气中的愉悦因子，适合老百姓进行有氧锻炼，增加生活乐趣，提高老百姓的获得感。

园林植物运用于水景观与生态修复的效果如图 4.81 所示。

4. 各类生产建设项目植物措施的配置原则

根据城市生产建设项目划分的五种类型——市政配套设施（公共交通、公共绿地、市政管线）、公建设施类（学校、医院、文体设施）、居民住宅类、商业办公类、工业厂房类，结合项目功能及水土流失特点构建不同类型的城市建设项目水土保持植物措施体系。

（1）通用配置原则。通用配置原则主要包括以下 7 个方面：

1）生态适应性。选择适应北京气候、土壤等环境条件的植物种类，确保植物能够健康生长并发挥水土保持作用。注重乡土树种的采用，这些树种通常具有较强的适应性和抗逆性，能够更好地适应本地环境。

2）多样性。通过配置不同种类、形态、色彩和生长习性的植物，形成丰富多样的植物群落，提高绿地的生态稳定性和景观效果。避免植物种类过于单一，以减少病虫害的传播和蔓延风险。

（a）西郊雨洪调蓄工程

（b）碎石铺路与植物生境

（c）驳岸绿线

图 4.81　园林植物运用于水景观与生态修复的效果

3）功能性。根据绿地的功能需求，选择具有特定功能的植物种类。例如，选择具有滞尘、隔音、净化空气等功能的植物，以改善城市环境质量。注重植物的水土保持功能，选择根系发达、枝叶繁茂的植物，以减少水土流失和土壤侵蚀。

4）景观性。注重植物配置的景观效果，通过合理的布局和组合，形成优美的天际线、林缘线和景观层次。利用植物的色彩、形态和季相变化，营造丰富的视觉效果和季节特色。

5）经济性。在保证生态和景观效果的前提下，选择成本较低、易于养护的植物种类，以降低绿地建设和维护成本。注重植物的长期效益，选择生长迅速、寿命长的植物，以减少未来更换和养护的成本。

6）可持续性。在植物配置中考虑生态平衡和可持续发展，避免过度开发和破坏自然环境。注重植物群落的自然演替和更新，保持绿地的长期稳定性和可持续性。

7）因地制宜。根据公共绿地的具体位置和环境条件，选择适合的植物种类和配置方式。考虑绿地的地形、土壤、水文等因素，确保植物配置的科学性和合理性。

（2）需要特别强调提醒之处。需要特别强调提醒之处包括以下 6 个方面：

1）幼儿园、儿童医院等儿童活动的主要场所，植物措施严禁配置有毒、有刺、种子飞扬、有臭味、有异味等可能对儿童造成伤害的植物。

2）中小学校园需要打造一个相对独立的空间，配置高大乔木时，注意教室通风和采光；种植高大乔木既要考虑遮阴、美观需求，也要注重隔音效果，特别是操场与教学区之间要有高大乔木隔离带；东西方向种植高大乔木，以防止东西晒的情况；校园可配置多种形式的雨水集蓄利用措施，如雨水花园、景观水池、下凹式绿地、渗透洼地和旱溪等，不同形式的节水措施，配合相应的适生植物，可起到水土保持、海绵城市等宣传教育作用。

3）医院布设植物措施，需要考虑防止街道尘土、烟尘和噪声。医院周围应建乔灌草防护带，住院部应考虑雨水花园、旱溪等水土保持设施建设，以提高品质。植物配置应注重季相变化，这样能在色彩上为病人提高情绪上的幸福感，另外可以配置多种植物群落。

4）居民住宅类。居民住宅类项目的建设特点是建筑密度较低，绿地较为集中，林草覆盖率高。为创造宜居环境，居民住宅类项目雨水蓄渗措施选择集雨池、雨水花园、景观水池、人行道及广场透水铺装，铺装形式多样化，植物群落有多种组合，以创造不同的生境空间，打造舒适、恬静、优美，人类宜居的生活环境。居民住宅区乔灌草植物配置效果如图 4.82 所示。

图 4.82　居民住宅区乔灌草植物配置效果

5）商业办公类。商业办公类项目是规划用途为商业、办公、写字楼、配套公建、非配套公建、综合楼等用途的房屋。商业办公类建筑室外植物配置是为提高空气质量、增加建筑美感等而进行的一项重要设计元素。其绿地率指标低，普遍在 15%左右，须加大根系发达的植物群落的建设力度，以稳固土壤；创建休息区或户外办公空间，需要建设口袋公园和袖珍景观（图 4.83）。商业办公区植物配置效果如图 4.84 所示。

6）工业厂房类。工业厂房类项目自然生态系统相对比较薄弱，绿地率指标相对较低，一般在 15%～30%。根据生产工艺要求，有污染的工业厂房，选择抗污染绿化植物；工艺对环境有特殊要求的，如汽车企业，由于吊装等，物种选择非高大乔木；高端仪器、电子科技等厂房，选择的植物要没有飘花、飞絮等；以仓储管理为主的工业厂房类，考虑交通运输条件和储存的物品，必须满足装卸运输方便的要求，尽量选择低矮乔灌木，满足防火需求，避开种植针叶树和含油脂高的树木，保证通道净空的高度和宽度。工业厂房类项

（a）口袋公园（詹天佑公园） （b）袖珍景观

图 4.83 商业办公区口袋公园和袖珍景观

（a）透水铺装 （b）植物配置

（c）雨水花园植物配置 （d）低矮灌木高低层次植物措施

图 4.84 商业办公区植物配置效果

目适合选择的抗性植物品种见表 4.7。

表 4.7 工业厂房类项目适合选择的抗性植物品种

地区	植物配置		
	抗性强	抗性中等	抗性弱
北京市	华山松、桧柏、侧柏、刺槐、榆树、臭椿、新疆杨、构树、紫藤	白皮松、毛白杨、核桃、桑树、西府海棠、榆叶梅	油松、云杉、山杏、紫薇、河北杨、水杉

五种类型城市生产建设项目植物配置模式见表4.8，适合选择的植物品种见表4.9。

表4.8　五种类型城市生产建设项目植物配置模式

项目类型		配置模式																		
		乔木				灌木						地被					水生植物			
		高大常绿针叶林	高大落叶阔叶林	中层常绿乔木	中层阔叶乔木	高大灌木	中层常绿灌木	中层落叶灌木	低矮常绿灌木	低矮落叶灌木	低矮小灌木	竹子	攀援植物	宿根花卉	一年生植物	草坪	挺水植物	浮叶植物	沉水植物	漂浮植物
市政配套工程		√	√	√	√	√	√	√	√	√	√	√	√	√	√	√	√	√	√	√
公建设施类		√	√	√	√	√	√	√			√	√	√			√	√	√	√	
商业办公类		√	√	√	√	√	√	√	√	√	√	√	√	√	√	√	√	√	√	√
居住类		√	√	√	√	√	√	√	√	√	√	√	√	√		√	√	√	√	
工业厂房类	仓储								√	√	√			√	√	√				
	精密仪器						√	√	√	√	√	√	√	√	√	√	√	√	√	√

注　“√”表示种植了该类植物。

表4.9　五种类型城市生产建设项目适合选择的植物品种

地区	植物品种			
	乔木	灌木	地被	水生植物
北京市	雪松、油松、白皮松、华山松、白扦、桧柏、侧柏、蜀桧、银杏、杜仲、国槐、龙爪槐、垂柳、馒头柳、合欢、新疆杨、构树、刺槐、紫藤、悬铃木、栾树、美国红枫、元宝枫、七叶树、白蜡、臭椿、香椿、楸树、加杨、泡桐、桑树、核桃、胡桃	西府海棠、榆叶梅、玉兰、紫叶李、樱花、金银木、连翘、迎春、锦带花、木槿、丁香、天目琼花、紫薇、黄栌、珍珠梅、山杏、红瑞木、平枝栒子、大叶黄杨、紫叶小檗、沙地柏、紫藤、五叶地锦、大花溲疏、小花溲疏、紫荆、棣棠	鸢尾、千屈菜、荷兰菊、麦冬、马蔺、二月兰、狗尾草、狼尾草、芒、月季、早园竹、冷季型草	睡莲、水葱、菖蒲、芦苇

5. 园林景观典型设计图

(1) 项目区入口典型设计图。项目区入口典型设计图如图4.85所示。

(2) 建筑物外墙典型设计图。建筑物外墙典型设计图如图4.86所示。

(3) 坐凳树池典型设计图。坐凳树池典型设计图如图4.87所示。

(4) 停车场典型设计图。停车场典型设计图如图4.88所示。

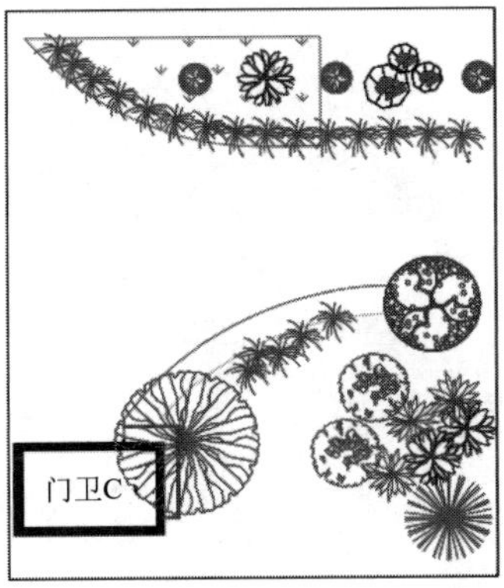

（a）平面图

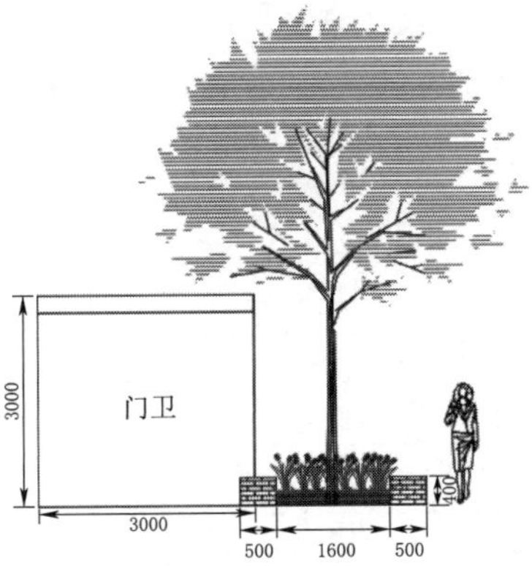

（b）立面图

图 4.85　项目区入口典型设计图（单位：mm）

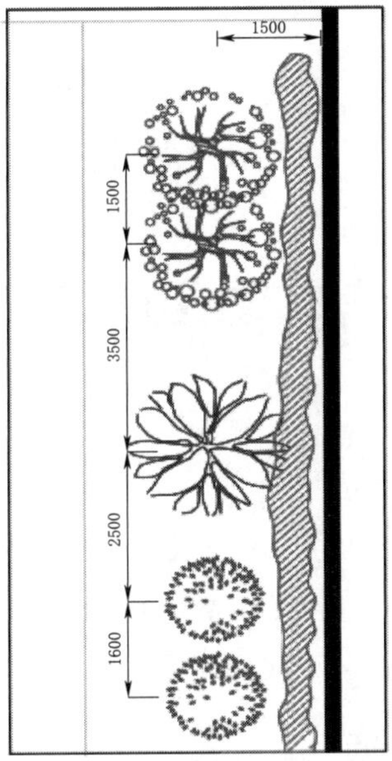

（a）平面图

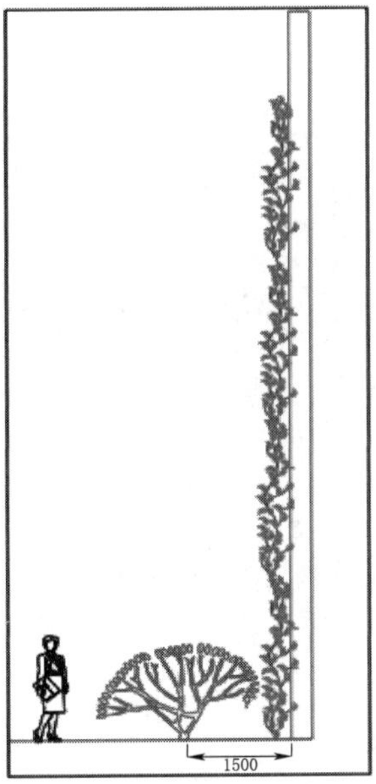

（b）立面图

图 4.86　建筑物外墙典型设计图（单位：mm）

4.3.3　城市生态修复与景观提升的措施

4.3.3.1　生态修复

1. 土壤修复

（1）恢复土壤生物多样性：通过生物复壮土壤和增加有机质含量的方式，养殖和培育土壤微生物和有益菌群，从而促进土壤健康。

（2）改良土壤结构：针对土壤退化问题，可以通过施加有机肥、深耕松土、客土改良等方式，改善土壤结构，提高土壤肥力。

2. 水体治理

（1）恢复水体生态系统：建立湿地和河岸带植被，减少水体中的污染物负荷，提高水

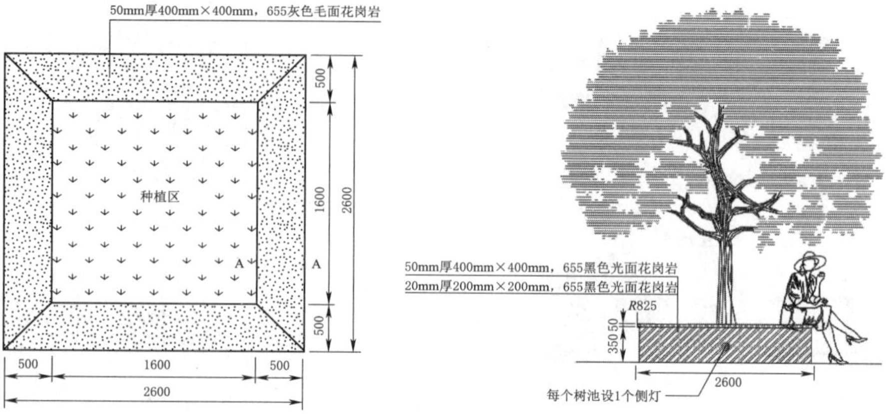

（a）平面图　　（b）立面图

图 4.87　坐凳树池典型设计图（单位：mm）

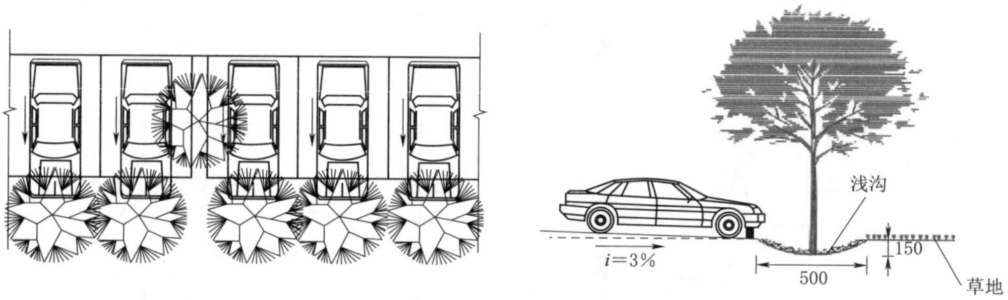

图 4.88　停车场典型设计图（单位：mm）

质，为水生生物提供适宜的生存环境。

（2）治理水污染：通过污水处理、水体净化等方式，去除水体中的有害物质，恢复水体的自净能力。

3. 植被恢复

（1）重建植被覆盖：通过引入本地植物物种，恢复受损地区的植被覆盖，提供栖息地和食物来源，进一步促进物种多样性的恢复。

（2）森林抚育与造林：对现有的森林进行抚育管理，如间伐、修剪等，同时开展造林活动，增加森林面积，提高森林质量。

4. 生物多样性保护

（1）加强生物多样性保护管理：通过全面评估生物多样性保护、管理现状，总结管理经验与存在的问题，制订生物多样性保护规划。

（2）强化生物多样性保护措施：针对特殊保护生物物种减少、生物多样性下降、外来物种入侵等问题，加快动植物栖息地的生态保护和修复，营造良好的生物栖息环境。

4.3.3.2　景观提升

1. 绿化美化

（1）加强绿化工作：在适宜的区域种植适合当地气候的花草树木，打造四季有景的美丽景观。

（2）提升绿化品质：通过选择优质树种、合理布局、精心修剪等方式，提升绿化品质，增强景观效果。

2. 景观设计与建设

（1）科学规划与设计：根据区域特点、功能需求等因素，科学规划与设计景观，确保景观的实用性和美观性。

（2）加强景观建设：按照规划与设计要求，加强景观建设，包括建设观景台、休闲设施等，提升游客体验。

3. 文化融入

（1）挖掘文化内涵：深入挖掘当地的历史文化和民俗文化，将其融入景观设计中，增强景观的文化底蕴。

（2）举办文化活动：通过举办文化展览、表演等活动，展示当地的文化特色，提升景观的文化价值。

4. 设施完善

（1）完善基础设施：加强道路、停车场、卫生间等基础设施的建设和维护，确保游客的便利性和舒适性。

（2）提升服务质量：加强对景区工作人员的培训和管理，提升服务质量，为游客提供更好的旅游体验。

综上所述，生态修复与景观提升的具体措施涉及多个方面，需要综合考虑区域特点、功能需求、文化特色等因素，科学规划与设计，加强建设与管理，才能实现生态系统的恢复与景观品质的提升。

4.3.4 典型案例：怀柔区雁栖湖水景观生态修复

雁栖湖位于北京市怀柔区城北燕山脚下的长城之边，是以湖面为中心的水陆区域。近年来，雁栖湖在水生态环境改善方面持续发力，取得了显著成效。

（1）河（湖）长制落实：怀柔区严格落实雁栖湖河（湖）长制，全面加强河长制统筹作用，使辖区保持较好的水环境质量。

（2）水污染防治：雁栖湖严格执行《水污染防治行动计划》，推进水污染防治工作。通过构建水生态环境现代治理体系、加强水污染执法监管、建设生态清洁小流域等措施，持续提高水生态修复能力。

（3）湿地修复：怀柔区开展雁栖湖上游湿地小流域恢复和治理工作，统筹水土流失防治、面源污染控制和人居环境改善，促进中小河道岸线自然化。同时，规划完善雁栖湖生态绿廊，使雁栖湖恢复为近自然河流廊道。

（4）生态补水：怀柔区统筹南水及密云、怀柔水库向雁栖湖补水，实现“藏水于地”，使地表和地下水生态协同修复，保证生态补水质量。

（5）生物多样性保护：雁栖湖积极推进实施怀柔区生物多样性调查与评估工作，掌握区域生物物种资源种类、分布与保存状况，并强化生态优势。

怀柔区雁栖湖生态修复效果如图 4.89 所示。

（a）雁栖湖湿地修复

（b）雁栖湖自然岸线

（c）雁栖湖水污染治理成效

图 4.89（一） 怀柔区雁栖湖生态修复效果

(d) 雁栖湖生物多样性成效

图 4.89（二） 怀柔区雁栖湖生态修复效果

4.3.5 边坡防护措施

边坡防护是生态修复工程中的重要一环。边坡是自然或人工形成的斜体，为岩石或土体自然重力作用或人为作用下形成的具有一定倾斜度的临空面，是人类工程活动中最基本的地质环境之一，也是工程建设中最常见的形式之一。边坡防护是指为防止土体变迁而设置斜坡式防护工程。边坡防护可分为工程防护、生态植物防护、工程与生态植物相结合的综合防护三大类。

根据《生产建设项目水土保持技术标准》（GB 50433—2018）中的规定，边坡防护措施设计应符合下列规定：工程开挖、填筑、弃渣、取料等活动形成的斜坡，应根据所处位置的地形地貌、气象、水文、地质等条件，在边坡稳定的基础上，采取坡脚及坡面防护等措施；应与截排水措施统筹设计，在满足稳定安全的条件下，宜采取生态植物防护措施，或工程和生态植物相结合的综合防护措施；防护措施应与周边环境相协调。

4.3.5.1 边坡分类及特征

边坡类型多样，按成因可分为人工边坡和自然边坡；按地层岩性可分为土质边坡和岩质边坡；按岩层结构可分为层状结构边坡、块状结构边坡、网状结构边坡；按岩层倾向与坡向的关系分为顺向边坡、反向边坡、直立边坡；按使用年限可分为永久性边坡和临时性边坡等。

由于边坡成因不同，内在结构、外在形状以及所处的立地条件也并不一样，在边坡防护设计中，首先需对其进行分类，通常将边坡岩土类型、坡体创面高度和坡度作为边坡分类的标准，并按岩石类别、风化程度和软硬岩质进一步细分。边坡分类如图 4.90 所示。

1. 按边坡物质组成或岩土类型划分

（1）土质边坡。土质边坡主要由土壤结构构成。未扰动或人为扰动较少的土质边坡，往往覆盖着长期生长的原生植被，土壤结构完整，坡体较为稳定。若是开挖扰动后的土质边坡，则往往因为开挖过后裸露的土质成分易被雨水冲刷下滑，创面土质结构多为母质或缺少植物生长的必需养分，需进行必要的植被养生或恢复措施，以对边坡进行生态防护，并快速恢复生态植被。

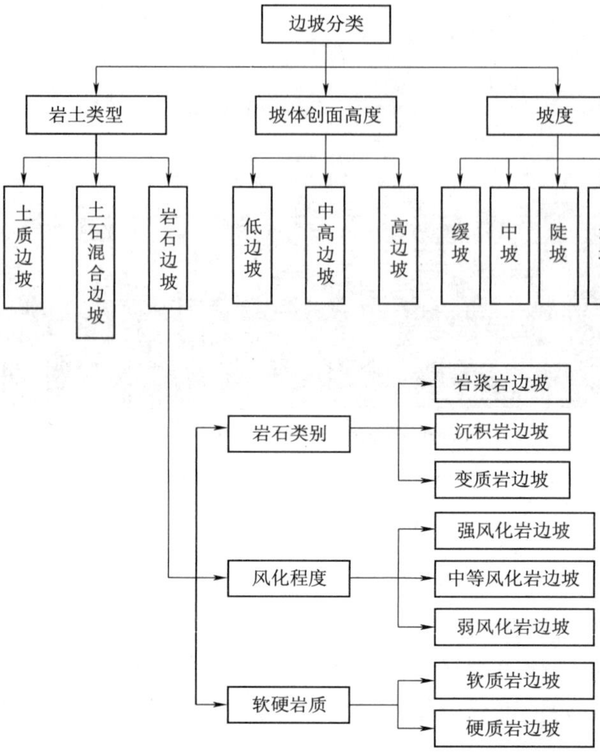

图 4.90 边坡分类

(2) 土石混合边坡。土石混合边坡主要由土石混合结构组成，即通常所指“土夹石”边坡类型。土石混合边坡开挖后稳定性降低，雨水下渗后易发生滑塌灾害，因此是边坡治理的重点。以往通常采用浆砌石、挡土墙等拦挡工程措施进行防护，可提高其稳定性，但造价高、施工困难、景观效果差。目前较为成功的防护措施主要是综合技术防护，即使用深层稳固的工程防护后再进行坡面植被恢复。

(3) 岩石边坡。岩石边坡主要由岩石成分构成，是边坡类型中经常出现的一种。根据岩石类别又可分为岩浆岩边坡（侵入岩、喷出岩）、沉积岩边坡（碎屑沉积岩、碳酸盐岩、黏土岩、页岩等）、变质岩边坡（正变质岩、副变质岩）；按风化程度可分为强风化岩边坡、中等风化岩边坡、弱风化岩边坡；按软硬岩质可分为软质岩边坡和硬质岩边坡。

本书采用的正是岩土类型分类方法。

2. 按坡体创面高度划分

创面高度以垂直高度为准，边坡高度划分标准见表 4.10。

表 4.10 边坡高度划分标准 单位：m

划分类型	土质边坡	土石混合边坡	岩石边坡
高边坡	＞10	＞15	＞20
中高边坡	5～10	7～15	10～20
低边坡	＜5	＜7	＜10

3. 按坡度划分

边坡坡度划分标准见表 4.11。

表 4.11 边坡坡度划分标准

分类	标准	分类	标准
缓坡	坡度＜15°	急坡	60°≤坡度＜90°
中坡	15°≤坡度＜30°	倒坡	坡度＞90°
陡坡	30°≤坡度＜60°		

4.3.5.2 边坡防护体系

边坡防护体系可以分为工程防护、生态植物防护、工程与生态植物相结合的综合防护三大类，其中工程防护又可以分为坡体防护和坡面防护，生态植物防护属于一种坡面防护形式，而工程与生态植物相结合的综合防护是坡体防护和坡面防护相结合的一种类型。边坡防护体系如图 4.91 所示。

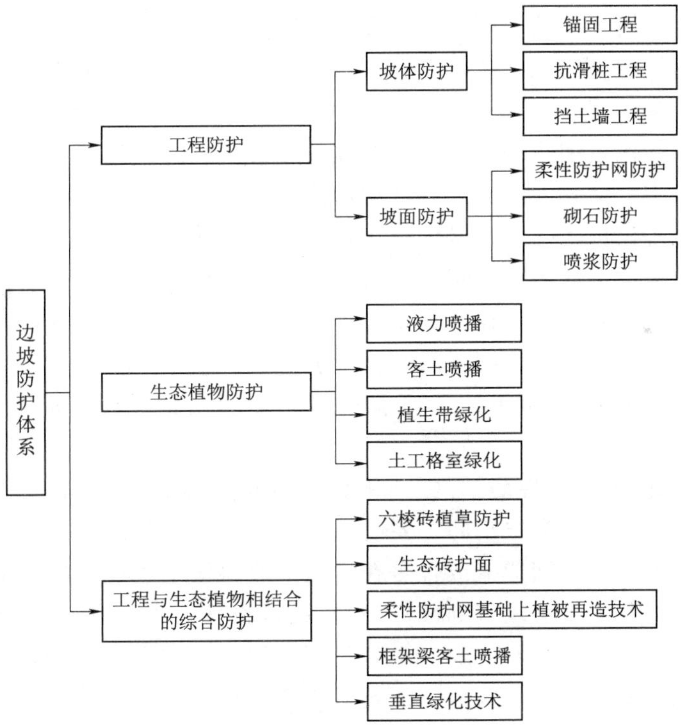

图 4.91 边坡防护体系

1. 工程防护措施

(1) 坡体防护。边坡坡面暴露在大气中，容易遭受到自然因素（水、温、风）反复干湿、冻融、冲刷和吹蚀等作用，因此，坡面有时会出现各种病害，如果任其发展，就会影响边坡的稳定性，导致坍塌等严重危害。考虑到边坡生态防护工程必须以稳定边坡为基础，对于易受自然因素作用而遭破坏或失稳的各种边坡，尤其是地质不良与水文地质不良地段、容易受水冲刷、不稳定的边坡，在生态防护之前必须对坡体进行加固处理。常见的边坡加固措施有挡土墙工程、锚固工程、抗滑桩工程等。

1）挡土墙工程。挡土墙是一种能够通过侧向土压力防止土体坍塌和增加其稳定性的建筑物，在工程中可以用以支撑路堤或路堑边坡、隧道洞口，防止水流冲刷路基等。在边坡防护工程中，大量的挡土结构得到了广泛应用，尤其在山区，挡土墙的应用更为广泛。挡土墙按断面的几何形状及特点，常见的形式有重力式、锚杆式、土钉墙、悬臂式、扶壁式、柱板式和竖向预应力锚杆式等。各种挡土墙都有其特点及适用范围，在处理实际的挡土工程时，应对可能提供的一系列挡土体系的可行性作出评价，选取合适的挡土结构形式，做到安全、经济、可行。

2）锚固工程。岩体和土层的锚固是一种把受力拉杆（索）埋入地层的技术。岩土锚固能充分发挥岩土能量，调用和提高岩土的自身强度和自稳能力，大大减轻结构自重，确保施工安全和工程稳定，适用于破碎的硬质岩石坡面或层状结构的不连续地层、坡面岩石与基岩分离并有下滑可能的边坡，尤适于岩层倾角接近边坡角和有裂隙的厚层石质边坡。若边坡岩石破碎、节理发育，则在锚杆与坡面间同时采用挂网喷浆的方法提高防护能力，也可用高强度土工格栅代替铁丝网。坡脚和有裂隙的原层岩石更为适合。

3）抗滑桩工程。抗滑桩的基本原理是在滑坡中的适当位置设置一系列桩，桩穿过滑面进入下部稳定滑床形成锚固段，以阻止坡体滑动。工程实践表明，抗滑桩能迅速、安全、经济地解决一些比较困难的工程，因此发展较快。抗滑桩施工中以挖孔灌注桩最为常用，也可以用打入桩、钻孔灌注桩，其结构形式有排式独立单桩，也有将各桩上部以承台连接的承台式桩或排架桩等。抗滑桩的突出优点是抗滑能力强，尤其适用于滑坡推力大、滑动带深的滑坡；桩位灵活，可设置在滑坡中最利于抗滑的部位；开挖量小，不易恶化滑坡状态；圬工量小，节省材料，设备简单，施工方便。但是，抗滑桩是利用桩周土体对桩的钳制作用稳定土体，所以不适用于软塑体滑坡。

（2）坡面防护。边坡坡面防护主要有柔性防护网防护、砌石防护和喷浆防护三种类型。

1）柔性防护网防护。柔性防护网（safety netting system，SNS）从防护原理和防护目的上，分为主动防护系统和被动防护系统两大类。主动防护系统，即以钢丝绳网或高强度钢丝格栅为主的各类柔性网覆盖或包裹在需防护的斜坡或危石上，以限制坡面岩土体的风化剥落或遭破坏以及危岩崩塌（加固作用），或者将落石控制在一定范围内运动（围护作用）。被动防护系统是一种能拦截和堆存落石的柔性拦石网，用于建筑设施旁有缓冲地带的高山峻岭，把岩崩、飞石、雪崩、泥石流拦截在建筑设施之外，避开灾害对建筑设施造成的毁坏。通常情况下，柔性防护网主动防护系统尤其适用于浅层滑坡体、蠕滑体、崩塌体边坡防护。

2）砌石防护。砌石防护包括护面墙、干砌石和浆砌石三种方式。护面墙是采用浆砌片石结构，覆盖在各种软质岩层和较破碎的挖方边坡上，使之免受大气影响而修建的墙体，以防止坡面继续风化。土质、软岩及易风化、破坏较严重的边坡，宜选干砌片石防护，以防雨水、雪水冲刷。浆砌片石防护是用水泥砂浆将片石间隙填满，使砌石成为一个整体，以保护坡面不受外界因素的侵蚀，是边坡防护中常用的工程防护方法。

3）喷浆防护。喷浆防护工程多与锚桩挂网结合，靠锚杆、钢筋网和砂浆层共同提高边坡岩土的结构强度和刚度，减少岩（土）体侧向变形，增强边坡的整体稳定性。喷浆防护主要适用于岩性较差、强度较低、易于风化的石质边坡；或虽为坚硬岩层，但风化严重、节理发育、易受外力影响、大面积碎落，以及局部崩塌、落石的岩质边坡。然而，喷射混凝土封闭坡面，在对岩土体起连续作用、在岩土体表面产生嵌固效应提高黏结力的同时，却使得坡面无法为植物提供生长条件，从而无法进行坡面植被恢复，最终形成较差的景观效果。

2. 生态植物防护措施

边坡生态植物防护是指在开挖山体形成的边坡上种植生态植被，利用植物与边坡的相互作用对边坡表层进行防护、加固，使之既能满足设计对边坡表层稳定的要求，又能恢复被破坏的自然生态环境的一种边坡防护工程技术。它是岩土工程与生态环境工程相结合的产物，同时兼顾了边坡防护与生态环保的双重功效，是一种行之有效的绿色护坡固坡方法，其最基本原理和功能源于植被护坡。

植物的水土保持功能主要体现在对坡面径流侵蚀力和土壤抗蚀性的影响上。对坡面径流侵蚀力的影响，主要表现在削弱雨滴动能、防止击溅、减少地表径流量、阻延流速等方面；对土壤抗蚀性的影响，主要是改善土壤渗透性、抗冲性等特性。

（1）植被对坡面径流侵蚀力的影响。水蚀包括击溅、面蚀和沟蚀，实质上是降雨侵蚀能力大于土体抵抗力的结果。降雨到达地面时，雨滴打击地面，造成土壤分散和溅蚀。因此裸露的坡面在具有一定降雨动能的雨滴打击下，土壤结构特别是团粒结构和水稳性结构遭到严重破坏，土壤抗蚀力急剧下降。击溅的土壤细小颗粒堵塞土壤孔隙，形成表面结皮，降低了土壤入渗性能，降雨就会形成坡面径流或细小股流，面蚀和细沟也就产生了。

坡面的水流在运动过程中，随着流程的增加和集中，逐渐由击溅向面蚀、沟蚀发展，侵蚀搬运能力急剧增加。径流侵蚀表现在对土壤颗粒的推移、悬移、摩擦几个方面，这些作用常常是同时存在、共同作用的。因此暴雨径流对土壤侵蚀力的影响主要表现在3个方面：①推移作用，即当土粒抵抗力小于径流推力时，土粒随径流产生推移运动；②悬移作用，即水流在土粒上下产生压力差而具有向上的分速度时，使土粒悬浮在径流中；③摩擦作用，即不仅径流中的沙粒与地面摩擦可带动地面沙粒一起运动，且径流本身对地面也存在极大的剪切力而使地面发生剥蚀，在陡坡上侵蚀力大大加强。

从径流对土壤侵蚀的机理、过程看，径流侵蚀力的大小主要决定于径流的流量和流速。植被能否减少径流和降低流速，是能否控制径流侵蚀的关键。实践证明，植被通过地被截流，增加水分入渗及滞留储存等功能，减少了径流；同时，增加地面糙率和局部改变坡度降低流速，也可达到很好地保持水土的效果。

（2）林草植被对土壤抗蚀性的影响。植被对土壤抗蚀性的影响主要表现在增强土壤抗蚀性和抗冲性两个方面。土壤抗蚀性是指土壤抵抗径流对其分散和悬浮的能力，它与土壤的物理性质有很大的关系，而且与地形、土壤耕作方式等很多方面有关系。土壤抗冲性指土壤抵抗径流的机械破坏和搬运作用的能力。土壤抗蚀性主要取决于土粒和水分的亲和力，亲和力愈大，土壤愈易分散悬浮，团粒结构受到破坏，土壤透水性变小，土壤变得泥泞。在这种情况下，即使流速很小，也会由于悬浮作用而发生侵蚀。土壤抗蚀性指标很多，主要有土壤腐殖质的含量、水稳性团粒结构、土壤分散性和土壤侵蚀系数。土壤抗冲性能的强弱，与土壤的质地、结构等有关系，对它的评价指标也比较混乱。

从对林草地土壤结构的分析来看，林草地土壤也可以形成大量较大的稳定性团聚体，增加土壤的抗蚀力。土壤抗蚀力增加能使土壤容许流速和容许切应力提高，因而在径流条件相同的情况下，林草地土壤流失量比裸地小。许多研究表明，人工林草地土壤抗蚀性高于农田。一般来说，随着林龄的增加，土壤抗蚀性也增强，且与土壤腐殖质和毛根数量关系密切。

（3）林草植被控制土壤侵蚀的效果。林草植被建设对引起土壤侵蚀的各种因素都能起积极作用，降低各种土壤侵蚀的危险性。实践证明，土壤侵蚀总量与植被覆盖度有关。生长良好的林草地径流和土壤侵蚀都较少，分别不到裸地的5%和10%，若植被覆盖率小于70%，径流和侵蚀量会迅速增加。只要达到一定的植被覆盖率且分布合理，就可以把土壤侵蚀强度控制在容许侵蚀强度以下。

（4）植物的稳定坡体功能。植物的稳定坡体功能主要是通过根系固土来实现的。根系通过加筋、锚固等作用，提高土体的黏聚强度及根系与土体之间的摩擦力，增强土体摩擦强度，进而提高土体的抗剪强度和稳定性，这就是根系固土的基本理论依据。植物根系可分为垂直根和侧根，垂直根主要起锚固作用，侧根主要起加筋的作用。

1）加筋作用。根系在土体中盘根错节，使土体成为土与树根的复合材料，而根系成为带预应力的三维加筋材料，不仅提高了根土复合体的黏聚力，还加大了内摩擦角，改良了土体的力学性质。根土复合体可以看作是一种具有各向异性的复合材料，由于树木根系的弹性模量远大于土体，在这种情况下，根系与土的共同作用，包括土的抗剪力、土与根系的摩擦阻力及根系的抗拉力，使得带有根系的土体强度明显提高。

2）锚固作用。垂直根穿过坡体浅层的松散分化层，锚固到深处较稳定的土层上，起到锚固体系的作用。垂直根具有一定的刚度，周围覆盖土体具有移动趋势时，将产生一定的摩擦力，此时深粗根系类似于锚杆系统，锚固在土层中的根系可起到抗滑桩和扶壁的作用，以抵抗坡体产生的剪应力。垂直根的锚固作用使得不稳定的表层与深层土体形成整体，把坡面推力传递到稳定地层，利用稳定地层的锚固作用和被动抗力，使坡面保持稳定。

此外，边坡稳定与土体孔隙水压的大小有密切关系，植物通过吸收和蒸腾土体内水分，降低土体孔隙水压力，提高土体的抗剪强度，从而有利于边坡稳定。

3. 工程与生态植物相结合的综合防护措施

坡体不稳定可以通过工程防护措施进行处置，解决的是深层防护问题，但往往会忽略表面的生态植被恢复；而单纯的生态植物防护措施又只能解决坡面的浅层防护问题，无法从根本上解决坡体稳定问题。因此，工程与生态植物相结合的综合防护措施是解决这类问题的最佳方案。

综合防护是一种集边坡稳定加固和生态恢复兼备的综合防护措施，主要包括在柔性防护网基础上的植被再造技术和框架梁客土喷播技术两种，前者是在已布设柔性防护网的基础上，采用客土喷播技术，可将种植土、种子等混合基材喷射在坡面上，从而在柔性防护网的基础上实现边坡植被再造，既可以增强喷播客土的稳定性，也可以取得提高边坡防护安全性能和植被恢复的双重效果；后者则是采用石块或顶制的空心砖在人工开挖的非稳定或软质边坡面上，按正方形、菱形、人字形和弧形等格构形式干砌或浆砌形成骨架，骨架中间撒播或喷播植物种子恢复植被，以减少地表水对坡面的冲刷，减少水土流失，从而达到护坡和保护环境的目的。

4.3.5.3 边坡生态防护技术

1. *液力喷播技术*

（1）技术原理及特征。液力喷播最初源于大面积快速种植草坪。20 世纪 60 年代初，美国、日本、西欧等国家和地区采用液力喷播技术绿化坡面；70 年代末，韩国、新加坡、中国香港开始应用；90 年代，出现在北京、深圳边坡植被恢复试验工程中，随后迅速推向全国。液力喷播技术是将草种、木纤维、保水剂、肥料、染色剂等与水制成浆状混合物，通过专用喷播机喷射到坡面，经洒水养护后成坪的高效坡面绿化技术。施工完成的坡面均匀分布着浆状混合物，通过黏合剂和纤维黏合形成一定的物理强度，并为种子发芽提供水分、养分和荫蔽条件。由于所形成的纤维覆盖层有一定的物理强度，有吸水保湿及提供氧分等作用，并具有一定的保持水土、抗旱保苗效果，其技术特征包括：机械化程度高，可大面积快速植草，这是因为液力喷播机是一种高效的现代化的植草机械，一台液压喷草机可日喷射上千平方米；机械普适性广，这是因为液力喷播机上装有可任意调节方向的高压喷料枪，其喷料扬程为 30～80m，此外还配有超过 30m 长的喷料软管；可建植高质量的坡面植被，这是因为液力喷播机采用浆状物混合喷射，植物种子可以先经过催芽处理，免去种子萌发所需的时间，有利于快速建植目标化植被，且植被密度均匀，郁闭度好。

（2）施工工艺及流程。施工工艺及流程依次为：平整坡面—排水设施施工—喷播施工—盖无纺布—前期养护。

1）平整坡面。交验后的坡面，人工细致整平，清除所有的岩石、碎泥块、植物、垃圾。对填土土质条件差、不利于草种生长的坡面采用回填改良的客土，回填的客土厚度为 50～75mm，并用水湿润，让坡面自然沉降至稳定。若 pH 值不适宜，尚需改良其酸碱度，一般改良土壤 pH 值的工作应于播种前一个月进行，以增加改良效果。

2）排水设施施工。边坡排水系统的设置是否合理和完善直接影响到边坡植草的生长环境，对于长大边坡来说，坡顶、坡脚及平台均需设置排水沟，并应根据坡面的水流量的大小考虑是否设置坡面排水沟。一般坡面排水沟横向间距为 40～50m。

3）喷播施工。按设计比例制作草种、木纤维、保水剂、肥料、染色剂及水的混合物料，并通过喷播机均匀喷射于坡面。

4）盖无纺布。雨季施工，为使草种免受雨水冲失，并实现保温保湿效果，应加盖无纺布，促进草种的发芽生长。也可采用稻草、秸杆编织席覆盖。

5）前期养护。①洒水养护，即用高压喷雾器使养护水成雾状，然后均匀地湿润坡面，注意控制好喷头与坡面的距离和移动速度，保证无高压射流水冲击坡面形成径流，养护期限则视坡面植被生长状况而定，一般不少于 45d；②病虫害防治，即定期喷广谱药剂，及时预防各种病虫害的发生；③追肥，即根据植物生长需要及时追肥；④及时补播，即在草种发芽后，及时对稀疏无草区进行补播。

（3）适用范围。液力喷播技术更适合于具有一定生长基础的坡面，如填方坡面、土质或土石挖方坡面。对于较平坦的地域，可直接实施气力喷播或液力喷播；对于坡面、坡度不大的地域，可酌情采取不同配方的混合液实施液力喷播；对于坡面、坡度较大的地域，需进行基础调整性施工，可酌情铺草帘或挂三维网后再实施液力喷播；对于坡面、坡度很大，且地质结构不稳定的地域，必须进行基础调整性施工，可酌情采取不同的斜面框架固坡后再挂网实施液力喷播；对于地表无土壤或土壤不适于植物生长的地域，应采取加垫层、移有机质客土、增加有机质高的植物纤维、埋长效缓释肥料包等方式改良土壤后再实施液力喷播。

液力喷播生态防护工程效果如图 4.92 所示。

图 4.92 液力喷播生态防护工程效果

2. 客土喷播技术

(1) 技术原理及特征。客土喷播技术是采用专门的喷播设备，将植物种子、种植土壤、肥料、纤维、土壤改良剂、添加剂和水等按一定比例充分混合均匀后，采用高压喷枪均匀地喷播到坡面而形成生长基础的一种边坡生态防护技术。客土喷播本身是为边坡营造出适宜植物快速生长的土壤营养层，其有机基材中采用高分子凝结剂，拌入泥炭土、纤维材料、本地肥土等构成“客土”，植物根系与有机纤维在其中起到网络联结作用，造就具有耐降雨侵蚀、牢固且透气、与自然表土相近的生长基础。

客土喷播生态植被护坡技术主要针对石质边坡，是采用打锚杆、挂铁丝网、喷播有机基材和植物种子、覆盖无纺布直至养护绿化的一套快速边坡生态防护工程技术。目前国内工程技术界和学术界出现的有关该类技术的专业术语还包括“喷混植生”“厚层基材喷射”“植生基质喷播”“生态种植基喷射”，以及与之具有类似工艺流程的“喷混凝土植草”“喷植混凝土”“乳液喷播”等。

客土喷播生态防护示意图如图 4.93 所示。

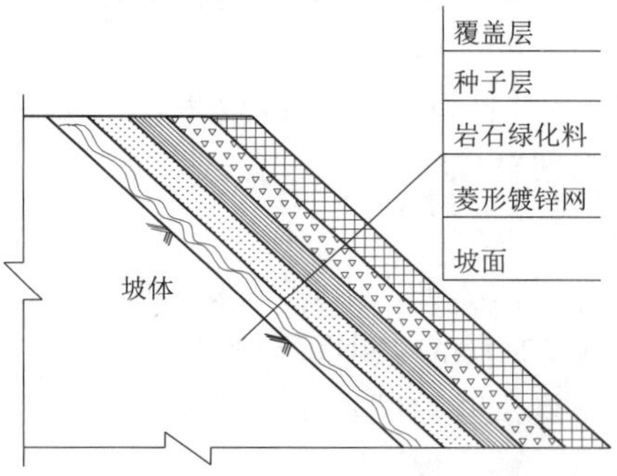

图 4.93 客土喷播生态防护示意图

采用客土喷播技术后的坡面，数天后植物即可出苗，一般一个多月就能完全覆盖地表，具有许多优越性：①该技术适用范围广，不论坡面是否具备生长基础，该技术都能够“创造”出一层“客土”以支持坡面植被恢复；②由于采用了覆盖料、稳定剂、改良剂和专用肥料等，它不仅能够在土质较好的地段应用，也能够在碎石边坡、荒地和矿区等贫瘠地带建立很好的植被；③对土壤的平整度没有要求，适合在凹凸不平的地方运用，还可以在人工方法难以实现的、既高又陡的坡地上种植植物；④施工效率高，可满足大面积快速绿化的需要，绿化效果好，机构化操作所需人工少，成本低。

(2) 施工工艺及流程。施工工艺及流程依次为：坡面清理—打锚—喷播—表层覆盖—养护管理。

客土喷播工艺流程如图 4.94 所示。

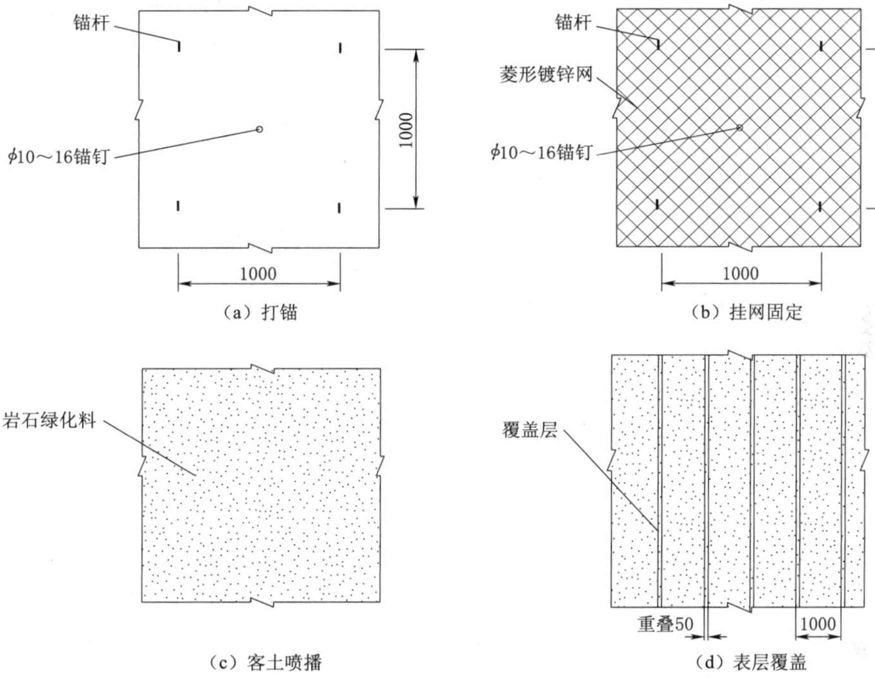

图 4.94 客土喷播工艺流程（单位：mm）

1) 坡面清理。平整坡面方面，对于较松动的岩石坡面，一般用人工方法清理坡面浮石、浮土等，遇上凹凸不平的硬质岩石坡面，要采用风凿进行施工。处理后的坡面要倾斜一致、平整，无大的石头突出，无其他杂物存在，施工前坡面的凹凸度控制在±10cm 左右，最大不超过±30cm，使其有利于基材和岩石表面的自然结合。为了防止雨水冲刷喷播层，影响喷播效果及以后植物的生长效果，高边坡以垂直高度 8～10m 为标准分级，设置平台（马道），并根据实际情况在坡顶、坡脚及平台适当设置截排水沟等排水设施。

2) 打锚。锚杆通常可分为主锚杆和辅锚杆，主锚杆直径为 16mm，锚杆长度为 0.45～4m，辅锚杆直径为 10～12mm，锚杆长度为 0.25～2m，具体规格依据边坡类型而定。安装锚杆时，先放样，长锚杆与短锚杆交错并列，横、纵向间距为 1～2m，然后采用风钻或电钻钻孔，钻头的直径大小一般为 42～48mm，钻孔深度与锚杆长度相同。孔钻好后，便可进行锚杆的固定工作，锚杆事先要进行防锈处理，用水泥砂浆灌注，往锚孔灌注水泥砂浆时，一定要灌满、灌实，锚杆伸出坡面长度为 6～8cm。

通常使用铁丝网或镀锌铁丝网，部分工程使用土工格栅，这里以镀锌铁丝网为例说明。将镀锌铁丝网从坡顶沿坡面顺势铺下，镀锌铁丝网应伸出坡顶50cm，若坡顶截水沟未修筑，最好置于坡顶浆砌石底下，在坡底也应有50cm的镀锌铁丝网埋置于平台填土中。铺设时拉紧网，铺平顺后，将网挂在锚杆上，用连接件或铁丝锁紧，并根据需要在锚杆中布设不同厚度的混凝土垫块，以使镀锌铁丝网与坡面的距离保持3～5cm，网与网之间搭接宽度为15cm。完工后，要严格检查镀锌铁丝网与锚杆连接的牢固性，确保网与坡面形成稳固的整体。若坡率太大或硬质岩石坡面光滑，可在铁丝网上捆扎稻草、竹片或木桩的方式增加附着力。网上绑稻草或竹片，主要为增加岩面的粗糙度，提高喷附材料的附着力；网面撒稻草，主要为改善喷附材料的纤维结构，增加喷附材料的抗滑力。

挂网固定示意图如图4.95所示。

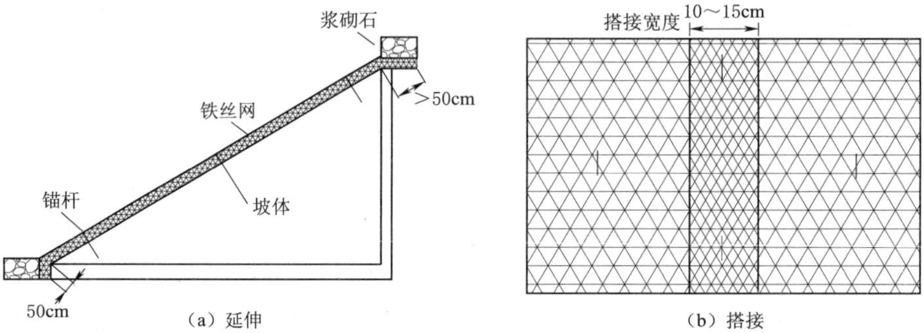

（a）延伸　　（b）搭接

图4.95　挂网固定示意图

3）喷播。准备施工物料，包括土壤、草炭土（或其他有机肥、家畜粪便），若颗粒直径过大需进行筛选，常用筛网孔目尺寸为15～20mm，植物种子进行预处理，并与复合肥、保水剂、黏合剂、根瘤菌剂等混合，充分搅拌均匀后，利用喷射机将混合均匀的客土喷于坡面。喷射应尽可能从正面进行，凹凸部分及死角部位要喷射充分，喷射的平均厚度为8～10cm，其中铁丝网之上要保证有3～5cm的客土，施工时要根据边坡的岩性，合理调整喷射厚度，以保证客土能提供植物生长所需的养分和水分。工程实践表明，分层喷播比一次性喷播的绿化效果明显，成本降低，即分为基质底层和种子表层。首先喷播基质底层，不含植物种子，加大草炭土、保水剂和复合肥的比例，喷播厚度保证在5～8cm；其次喷播种子表层，含植物种子，喷播厚度保证在3～5cm，常在喷播基质底层完成并风干几个小时后进行。

客土喷播流程示意图如图4.96所示。

4）表层覆盖。表层覆盖可防止雨水冲刷，阻滞种子在发芽生根期的移动损失，也可

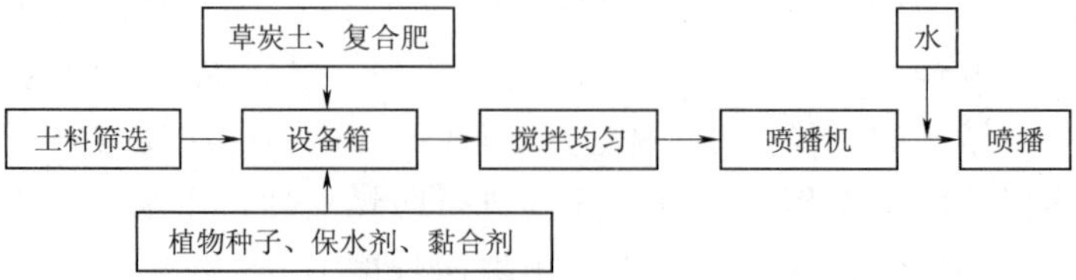

图4.96　客土喷播流程示意图

部分防止水分蒸发，起保温保湿的作用。覆盖材料可选草帘、无纺布或植生带，覆盖时注意不露边口，重叠10～15cm，保持表面平整，用竹钉或木桩固定，两端用土压埋稳固。

5）养护管理。根据土壤肥力、湿度、天气情况，酌情洒水灌溉，至幼苗长到5～6cm或2～3片叶时，揭掉覆盖层。从喷播到成坪至少浇水4次，遇天然降雨则适当减少次数。浇水切忌大水猛浇。局部出苗效果不好的区域应补喷或进行盆栽处理。

（3）适用范围。客土喷播技术可广泛地用于公路、铁路、水利、矿山等开发建设形成的各种边坡以及江河堤坝、城市园林绿化等植被恢复，尤其适用于石质边坡及贫瘠土质边坡的生态植被恢复，而且适用于矿区复垦，荒山、荒沟、荒丘、荒滩的治理以及各种水土保持与植被建植等，是我国生态恢复建设中值得大力推广的一项生态技术。

客土喷播生态恢复效果如图4.97所示。

图4.97　客土喷播生态恢复效果

3. 植生带绿化技术

（1）技术原理及特征。植生带绿化技术是主要采用专门的针刺工艺或喷胶工艺将绿化物料（含草、灌种子和有机肥、绿化添加剂等）夹织在毯状纤维材料与无纺布之间，进而生产出各种绿化植生带产品的专门技术。它是从日本引进并研发而成的适合我国国情的一种绿化护坡技术。它不同于一般植生带的最突出的特点在于：水土保持型植生带是集水土保持与景观绿化于一体的综合新技术产品。在边坡初期铺盖时以植生带毯状纤维材料保护开挖边坡表层松散土体免遭侵蚀，防止水土流失，起到保持水土的作用，后期随着边坡植被的恢复生长，凸现出边坡生态防护功效，既适用于贫瘠的土质边坡，也可以应用于填方土质、土石混合边坡生态防护。类似的产品还包括植被毯、植被纤维毯、植生被、椰丝毯等，也有基于同原理的生态袋、植生棒等产品用于坡面横向加糙、叠铺绿化的情况。

绿化植生带结构示意图如图4.98所示。

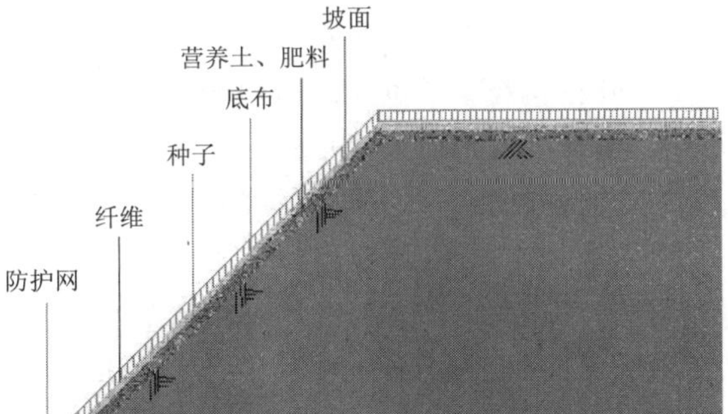

图4.98　绿化植生带结构示意图

植生带用于边坡防护，不仅控制了边坡水土流失，预防了滑坡的发生，减少了泥沙来源，确保坡面免于冲刷，改善生态环境，具有一定的社会效益和生态效益，而且具有以下技术特点：绿化植生带置种子与肥料于一体，具有播种施肥均匀、数量精确、种子肥料不易移动的特点；种子出苗率高，出苗整齐，建植成坪快；采用可自然腐烂的无纺布作为底布，与地表吸附作用强，腐烂后可转化为种子基肥；捆卷包装，便于交通运输和现场施工，施工简便，省时省工。

（2）施工工艺及流程。施工工艺及流程依次为：平整坡面—开挖沟槽—铺植生带—覆土、洒水—前期养护。

高陡边坡植生带施工图如图 4.99 所示。

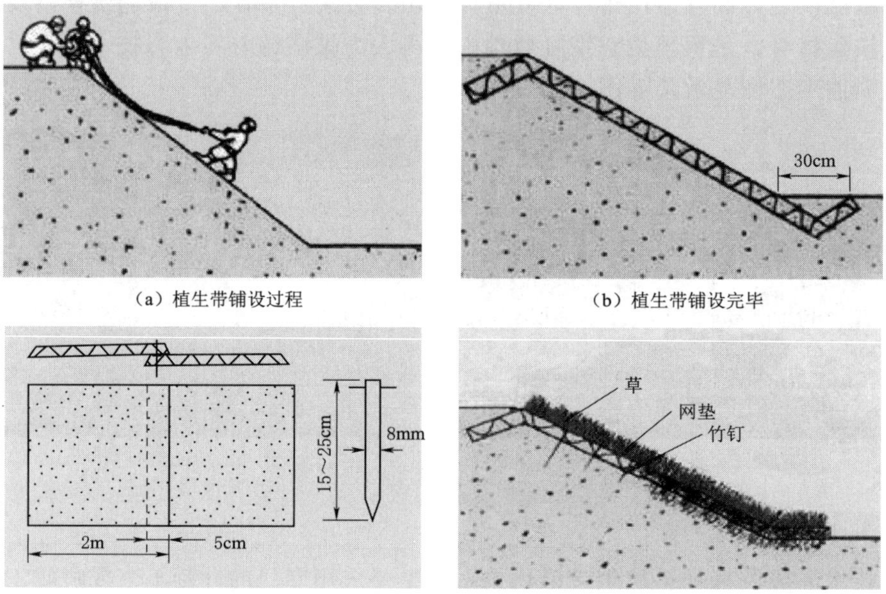

（a）植生带铺设过程　（b）植生带铺设完毕

（c）植生带铺设施工　（d）植生带绿化后景观

图 4.99　高陡边坡植生带施工图

1）平整坡面。清除坡面所有石块及其他一切杂物，全面翻耕边坡，深耕 20～25cm，并施入有机肥，可用腐熟牛粪或羊粪等，用量为 0.3～0.5kg/m^2，打碎土块，耧细耙平。若土质不良，则需改良，对黏性较大的土壤，可增施锯末、泥炭等改良其结构。

准备足够的用于覆盖植生带的细粒土，以沙质壤土为宜，每铺 100m^2 的植生带，需备 0.5m^3 细土。铺植生带前 1～2d，应灌足底水，以利保墒。

2）开挖沟槽。在坡顶及坡底沿边坡走向开挖一矩形沟槽，沟宽 20cm，沟深不小于 10cm。坡面顶沟离坡面 20cm，用以固定植生带。

3）铺植生带。铺装植生带前，将耧细耙平的坡面再次用木板条刮平，把植生带自然地平铺在坡面上拉直、方平，但不要加外力强拉。植生带的接头处应重叠 5～10cm，植生带上下两端应置于矩形沟槽，并填土压实。用 U 形钉固定植生带，钉长为 20～40cm，松土则用长钉。钉的间距一般为 90～150cm（包括搭接处）。

植生带及工程效果如图 4.100 所示。

4）覆土、洒水。在铺好的植生带上，用筛子均匀地于坡面筛准备好的细粒土，细粒土的覆盖厚度为 0.3～0.5cm。覆土完毕后，应及时洒水。第一次洒水一定要浇透，使植

（a）植生带

（b）工程效果

图 4.100　植生带及工程效果

生带完全湿润。

5）前期养护。植生带从铺装到出苗以后的幼苗期，都需要及时洒水。每日都需要洒水，每日洒水次数视土壤湿度而定，直至出苗成坪。在幼苗中期也要保持每天洒水一次，后期根据土壤湿度洒水。由于植生带上覆盖的细土很薄，洒水时最好采用水滴细小的喷水设备，使水洒得均匀，水的冲力减小。在草苗未出土前，如因洒水等导致植生带露出，要及时补撒细土覆盖。根据植物生长和植被恢复的情况制订追肥、覆土、病虫害防护方案。

（3）适用范围。水土保持型植生带可广泛应用于土壤贫瘠的山区、湿陷性黄土和沙漠地区各种土质边坡的水土流失治理及植被恢复工程。

植生带生态恢复效果如图 4.101 所示。

图 4.101　植生带生态恢复效果

4. 土工格室绿化技术

（1）技术原理及特征。土工格室是 20 世纪 80 年代开始应用的一种新型护坡合成材料，在国外已广泛用于坡面防护。我国于 90 年代初在吸收国外先进经验的基础上，开始了土工格室的开发研究工作，并在道路基床病害整治、固定松散介质的应用方面取得了重大突破。随着人们对土工格室特性的进一步了解，已经发现其具有其他土工材料（土工布、土工膜、土工格栅、土工模袋、土工网等）不可替代的优势，使其在诸多领域有着独特的应用前景。

土工格室是采用一种新型的高强度聚乙烯片材，经超声波焊接等方法连接，展开后呈蜂窝状的三维立体网格结构护坡产品，属于特种土工合成材料，能够防护表层塌方、绿化边坡、恢复生态，整体防护效果较好，施工简便。

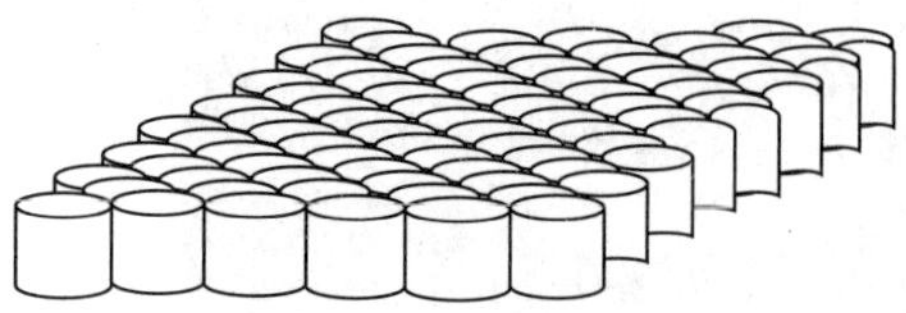

图 4.102 土工格室结构示意图

土工格室结构示意图如图 4.102 所示。

(2) 施工工艺及流程。施工工艺及流程依次为：坡面平整—排水设施施工—土工格室施工—填土—播种—覆盖—养护。

1) 坡面平整。应将边坡按坡比要求削坡整平，并人工修坡，清除坡面浮石、危石等。

2) 排水设施施工。边坡排水系统的设置是否合理和完善直接影响到边坡植草的生长环境，长大边坡的坡顶、坡脚及平台均需设置排水沟。

3) 土工格室施工。采用插件式连接法连接土工格室单元。连接时将未展开的土工格室组件并齐，对准相应的连接塑件，插入特制圆销，然后展开。连接时，针对不同坡率的边坡采用不同的单元组合形式。在坡面上按设计的锚杆位置放样，采用 ϕ38～42 钻杆钻孔，孔径基本可达 ϕ50，按要求冲孔，在钻孔内灌注 30 号砂浆。按设计要求弯制锚杆，并除锈、涂防锈油漆，悬在坡面外的锚杆，应套内径为 25mm 的聚乙烯或聚丙烯软塑料管，管内所有空间应用油脂充填，端部应密封。铺设时，在坡顶先用固定钉或锚杆固定，按设计图纸要求开展，在坡脚用固定钉或锚杆固定，其间按图纸要求用锚杆固定。土工格室应预系土工绳，以备与三维网连接绑扎。施工边坡平台及第一级平台填土，以固定土工格室于坡面上。

土工格室施工示意图如图 4.103 所示，土工格室及工程效果如图 4.104 所示。

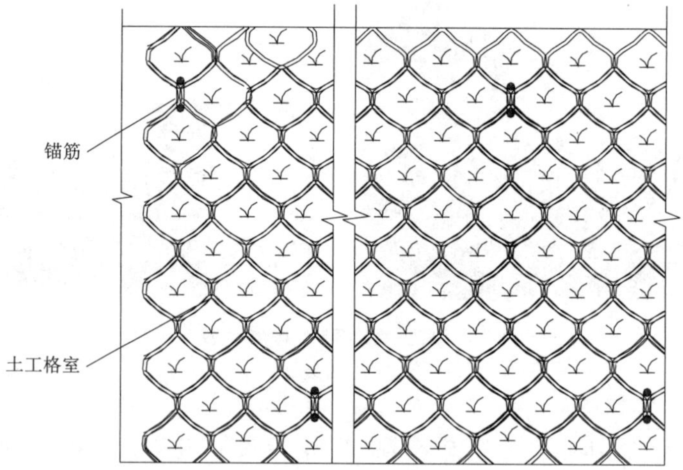

图 4.103 土工格室施工示意图

4) 填土。土工格室固定好后，即可向格室内填充改良土，充填时要使用振动板使之密实，靠近表面时用潮湿的黏土回填，并高出格室面 1～2cm，保持预系的土工绳露出坡面。第一段铺设完毕后，即可进行第二段的铺设直至最终完成。土工格室内填土要从最上层开始分段进行，初期铺设时，上端一定要锚固好，可新增附加锚钉，一般上部至少每隔一个格室间距布置一个锚杆或锚钉，等全部铺设完成并填充压实后，附加锚钉可取掉。

（a）土工格室

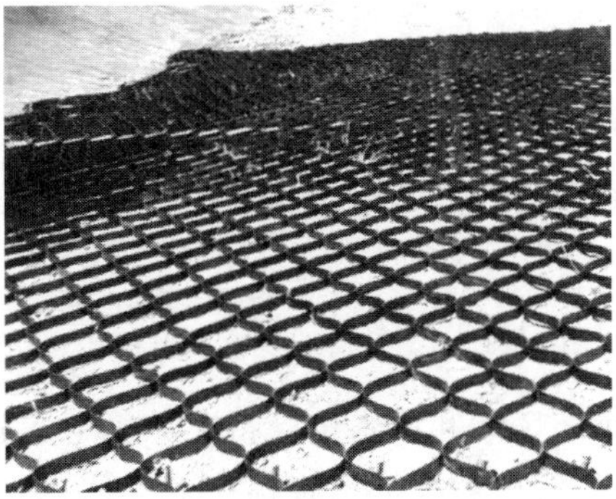

（b）工程效果

图 4.104　土工格室及工程效果

5）播种。以人工直接撒播，也可采取机械喷播，按设计比例配合草种、木纤维、保水剂、黏合剂、肥料、染色剂及水的混合物料，并通过喷播机均匀喷射于坡面。

6）覆盖与养护。雨季施工，为使草种免受雨水冲失，并实现保温保湿，应加盖无纺布，促进草种的发芽生长，也可采用稻草、秸秆编织席覆盖。完成后进行养护，直至成坪。

（3）适用范围。土工格室坡面防护适用于不陡于 1∶1.25 的边坡，一般要求坡面平整，也可适用于坡比为 1∶1.0 或 1∶0.75，经灌注混凝土特殊加固后的碎石边坡。用土工格室进行坡面防护施工时，还应注意以下几点：要对土工格室材料的性能进行测试，质量要好，边坡处理要基本平整，以使土工格室受力均匀；土工格室铺设后应及时覆土，填土紧贴坡面，避免阳光暴晒，一般间隔时间不宜超过 48h；应选择适宜的草籽并掺加适量的肥料在坡面播种，及时洒水养护，创造良好的植物生长环境。

土工格室生态防护效果如图 4.105 所示。

图 4.105　土工格室生态防护效果

第5章 监督管理体系

《中华人民共和国水土保持法》规定，县级以上人民政府水行政主管部门应当对水土保持方案的实施情况进行跟踪检查。《北京市水土保持条例》规定，水行政主管部门应当建立健全水土保持方案跟踪检查制度，对水土保持措施设计的实施或者重大变更、施工单位水土流失预防和治理、水土保持监理和水土流失监测等情况进行检查。

《水利部关于加强事中事后监管规范生产建设项目水土保持设施自主验收的通知》（水保〔2017〕365号）、《北京市水务局关于加强事中事后监管规范生产建设项目水土保持设施自主验收工作的通知》（京水务郊〔2018〕53号）都提出要强化生产建设项目事中事后监管，做好对生产建设项目水土流失防治情况的监督检查。

《水利部关于进一步深化“放管服”改革 全面加强水土保持监管的意见》（水保〔2019〕160号）对水土保持监管提出了加强事中事后监管，严格责任追究的要求，各级水行政主管部门应当加强对水土保持方案实施情况的跟踪检查，加强生产建设项目水土保持设施自主验收的监督管理。对存在较严重问题的项目，接受报备的水行政主管部门应当组织开展现场核查。对不符合规定程序或者不满足验收标准和条件的，应当责令限期整改，逾期不整改或者整改不到位的依法予以处罚，并追究相关单位和人员的责任。

根据法律法规、规范性文件的要求，水土保持管理体系包括事前审批、事中监督管理和事后核查三个方面的内容。

5.1 事前审批

1997年，北京市水利局批复了第一个水土保持方案，即八达岭高速公路（南站至八达岭段）水土保持方案报告书，这是自1994年11月22日水利部、国家计委、国家环境保护局联合发布《开发建设项目水土保持方案管理办法》（水保〔1994〕513号）以来，北京市审批通过的第一个水土保持方案，标志着北京市正式开启开发建设项目水土保持方案审批工作。

2005年7月9日，水利部修订《开发建设项目水土保持方案编报审批管理规定》（水利部令第5号），其规定，凡从事有可能造成水土流失的开发建设单位和个人，必须编报水土保持方案。其中，审批制项目，在报送可行性研究报告前完成水土保持方案报批手续；核准制项目，在提交项目申请报告前完成水土保持方案报批手续；备案制项目，在办理备案手续后、项目开工前完成水土保持方案报批手续。经批准的水土保持方案应当纳入下阶段设计文件中。第七条指出，水土保持方案必须先经水行政主管部门审查批准，开发建设单位或者个人方可办理土地使用、环境影响评价审批、项目立项审批或者核准（备案）等其他有关手续。第八条指出，水行政主管部门审批水土保持方案实行分级审批制度，县级以上地方人民政府水行政主管部门审批的水土保持方案，应报上一级人民政府水行政主管部门备案。中央立项，且征占地面积在五十公顷以上或者挖填土石方总量在五十万立方米以上的开发建设项目或者限额以上技术改造项目，水土保持方案报告书由国务院水行政主管部门审批。中央立项，征占地面积不足五十公顷且挖填土石方总量不足五十万立方米的开发建设项目，水土保持方案报告书由省级水行政主管部门审批。地方立项的开发建设项目和限额以下技术改造项目，水土保持方案报告书由相应级别的水行政主管部门审批。水土保持方案报告表由开发建设项目所在地县级水行政主管部门审批。跨地区项目的水土保持方案，报上一级水行政主管部门审批。

2008年以来，北京市建设项目不断增多，为了切实加强水土保持工作，减少水土流失，推进首都生态文明建设，促进经济社会可持续发展，2009年2月16日，北京市水务局联合北京市环境保护局、北京市发展和改革委员会就加强开发建设项目水土保持工作下发《关于加强开发建设项目水土保持工作的通知》（京水务农〔2009〕20号），其中第一条指出，在密云、怀柔、延庆、昌平、房山、门头沟、通州、大兴和顺义等区县建设的公路、铁路、水利、电力、房地产、地矿、石油、天然气、农林开发、土地整理、城市基础设施和社会事业等涉及土石方挖填的建设项目，须编报和实施水土保持方案。第二条指出，涉及水土保持的建设项目，建设单位在向环境保护主管部门申报环境影响评价文件时，应取得水土保持方案的审批同意意见。没有水土保持方案审批同意意见，环境保护主管部门不得批准环境影响评价文件。建设项目的环境影响评价批复后方可申请项目立项。其中，审批制项目，在报送可行性研究报告审批前完成水土保持方案报批手续；核准制项目，在提交项目申请报告前完成水土保持方案报批手续；备案制项目，在办理备案手续后、项目开工前完成水土保持方案报批手续。第三条指出，水土保持方案实行分级审批制度：中央审批立项的开发建设项目按中央政策执行；市级审批立项的开发建设项目水土保持方案由市水行政主管部门审批；区县审批立项的开发建设项目由区县水行政主管部门审批。该文件下发后，水土保持方案审批数量极速增长，2009年审批开发建设项目水土保持方案144个，2010年审批开发建设项目水土保持方案475个，较2008年的100个分别增加了44%和375%。

北京市历年水土保持方案（水影响评价）审批数量如图5.1所示。

图5.1 北京市历年水土保持方案（水影响评价）审批数量

2013年10月15日，为落实国家及北京市简政放权的要求，进一步优化投资项目审批流程，北京市人民政府办公厅颁布了《关于进一步优化投资项目审批流程办法（试行）的通知》（京政办函〔2013〕86号），优化了建设项目涉水行政审批的办理流程，将建设项目水资源论证、水土保持方案、洪水影响评价三项法律条文中规定的水行政审批合并为“建设项目水影响评价”一项行政许可，并在丰台、海淀、朝阳、通州、大兴5个区开展试点。自此，水土保持方案编制审批模式开始转型试点。

2014年12月31日，北京市审核和改进办公室印发“京审改办〔2014〕5号”文件，决定在试点基础上于全市范围内推广实施新的投资项目审批流程。新流程对水影响评价、节水方案审查等涉水事项进行了重大调整，强化了水在保障经济社会健康发展中的约束引导作用。

2015年1月20日，为进一步落实新的投资项目审批流程，北京市水务局发布了《关于在全市推广实施新的投资项目涉水审批流程工作的通知》（京水务法〔2015〕4号），明确工作层面将“建设项目水资源论证（评价）报告审批”“生产建设项目水土保持方案审查”“非防洪建设项目洪水影响评价报告审批”三项行政许可整合为“水影响评价审查”一项许可，与环境影响评价审查并联办理，并于同月出台了《北京市建设项目水影响评价文件编报审批管理规定（试行）》（京水务法〔2015〕6号）、《北京市建设项目水影响评价文件编制指南（暂行）》（京水务法〔2015〕7号）、《北京市建设项目水影响评价文件技术审查控制要素（试行）》（京水务法〔2015〕8号）3个规范性文件。2015年4月1日起的建设项目，统一按照新的审批流程执行。

2016年9月20日，为贯彻落实国家和本市简政放权、放管结合、优化服务的要求，深化水行政审批制度改革，进一步规范本市建设项目水影响评价文件编制、技术审查、申报、审批的管理，北京市水务局发布《北京市水务局关于印发〈北京市建设项目水影响评价文件编报审批管理规定〉的通知》（京水务法〔2016〕119号），该规定第三条指出，审批、核准类建设项目，应当在办理项目立项前完成水影响评价文件编报审批手续；备案类建设项目，应当在办理建设项目规划许可证之前完成水影响评价文件编报审批手续。第十二条指出，水影响评价实行分级审批制度。新建、改建、扩建建设项目有下列情形之一的，水影响评价文件由市水行政主管部门审批：年取（用）新水水量10万立方米以上的，其中年取（用）新水水量超过50万立方米的，由市水行政主管部门报市政府批准后审批；新打机井、更新基岩井的，更新第四系机井年取水量10万立方米以上的；拟市级审批、核准立项及备案，且挖填土石方总量在10万立方米以上的建设项目；拟市级审批、核准立项及备案，在洪泛区、蓄滞洪区内或者跨蓄滞洪区建设非防洪建设项目等可能影响防洪排涝安全的（拟区级审批、核准立项及备案，在市管洪泛区、蓄滞洪区内或者跨市管蓄滞洪区建设非防洪建设项目等可能影响防洪排涝安全的，应书面征求市水行政主管部门意见）；拟中央审批、核准立项及备案且已下放行政审批权的建设项目。其他项目由所在区水行政主管部门审批。每季度向市水行政主管部门备案一次。

2023年1月17日，水利部发布《生产建设项目水土保持方案管理办法》（水利部令第53号），对水土保持方案的编报审批、实施、验收等工作作出了具体规定。为进一步规范北京市生产建设项目水土保持方案编报管理，根据《中华人民共和国水土保持法》《北京市水土保持条例》有关规定，落实《生产建设项目水土保持方案管理办法》（水利部令第53号）要求，在总结北京市水土保持营商环境创新试点成果基础上，北京市水务局于2023年11月1日发布了《北京市生产建设项目水土保持方案管理规定（试行）》（京水务保〔2023〕17号），对北京市生产建设项目水土保持方案编报审批、方案实施、设施验收和监督检查等工作作了具体规定，其中第七条指出，综合区域内自然地理条件和生产建设项目水土流失敏感性分析，将全市划分为低风险区域、一般风险区域、较高风险区域、高风险区域，即A、B、C、D四级水土流失风险区，实行生产建设项目水土保持方案分级分类编报和差异化管理。第九条指出，生产建设单位应当在生产建设项目开工建设前取得水土保持方案批准手续。生产建设单位未编制水土保持方案或者水土保持方案未经批准的，生产建设项目不得开工建设。第十条指出，水土保持方案实行分级审批。以下水土保持方案，由市水行政主管部门审批：市政府或者市政府有关部门审批、核准、备案的生产建设项目，需编报水土保持方案报告书的；市政府或者市政府有关部门审批、核准、备案的跨区的生产建设项目，需编报水土保持方案报告表的。以下水土保持方案，由区水行政主管部门审批：市政府或者市政府有关部门审批、核准、备案的不跨区的生产建设项目，需编报水土保持方案报告表的；区政府或者区政府有关部门审批、核准、备案的生产建设项目，需编报水土保持方案报告书或报告表的。第十三条指出，对水土保持方案报告表，实行承诺制管理，申请人依法履行承诺手续，水行政主管部门在受理后即时办结。

自2023年11月15日起，北京市水土保持方案从水影响评价中独立出来，再次回到由水行政主管部门单独审批阶段。

5.2 事中监督管理

5.2.1 事中监督管理的内涵

水土保持事中监督管理是指县级以上人民政府水行政主管部门，依据法律、法规、规章及规范性文件或政府授权，在水土保持方案（水影响评价）批复后至竣工验收前，对水土保持方案（水影响评价）实施情况进行跟踪检查，对水土保持工作组织管理和措施落实情况进行监督和管理的活动。其目的是确保水土保持方案（水影响评价）的有效实施，及时发现问题，纠正错误，尽可能减少生产建设项目造成的人为水土流失，保证水土保持工程质量，保护水土资源可持续利用。

事中监督管理的内容主要包括水土保持方案（水影响评价）的落实情况、现场水土保持管理情况及措施落实情况等。

5.2.2 事中监督管理的形式

水土保持事中监督管理有多种形式，具体包括现场检查、定期报送、信息化监管、联合执法、社会监督、信息公示等。

5.2.2.1 现场检查

在项目建设过程中，现场检查是最有效的事中监管手段，可以直观地掌握现场情况，如水土保持方案（水影响评价）的执行、表土剥离保护和利用、水土保持补偿费缴纳、水土保持监测和监理等情况。通过现场检查，可以及时发现现场存在的问题和不足，对建设单位提出的整改意见也最中肯、有效。在此过程中，土石方量较大、取（弃）场地理位置特殊或边坡开挖较多、较陡的项目，应加大督查频次。

按照《国务院办公厅关于推广随机抽查规范事中事后监管的通知》（国办发〔2015〕58号）和《北京市人民政府办公厅关于推广随机抽查规范事中事后监管工作的实施意见》（京政办发〔2015〕58号）的要求，建设项目水土保持监管被列入北京市水务局首批“双随机”抽查事项清单，对市级所有编报水土保持方案（水影响评价）的建设项目按比例随机抽取，开展现场监督检查工作，并要求对发现的问题及时进行处理。

5.2.2.2 定期报送

水行政主管部门可以根据《中华人民共和国水土保持法》《生产建设项目水土保持方案管理办法》（水利部令第53号）、《北京市生产建设项目水土保持方案管理规定（试行）》（京水务保〔2023〕17号），要求生产建设单位定期向监督管理部门报送水土保持工作的进展情况，包括水土保持方案（水影响评价）的执行情况、水土保持监测数据、水土保持工程验收报告等。通过定期报送，及时了解和掌握生产建设项目水土保持工作的整体情况。

5.2.2.3 信息化监管

在生产建设项目事中监管中，可以充分利用遥感监管、“互联网＋监管”等信息化技术手段，全面了解项目建设情况、水土保持违法行为、水土保持措施的实施情况，指导建设单位开展水土保持工作，为水土保持监督管理与执法提供依据和支撑。

遥感监管中，利用不同时期的正射影像可以对生产建设项目进行动态监测，在对图斑进行识别的基础上区分出有问题的生产建设项目，推算出扰动面积，并结合项目资料核实是否存在疑似违法行为。该手段可及时发现未编报水土保持方案擅自开工、超范围扰动等情况。

对于具备条件的生产建设项目，可以利用“互联网＋监管”的技术手段，结合水土保持监测工作，在项目区的关键位置安装摄像头，以监控项目施工过程中的动态情况，及时发现问题并及时处理。

北京市水土保持执法过程和现场检查结果均录入了“北京市水务局‘双随机’监管”平台。依照《北京市人民政府办公厅印发〈关于在市场监管领域全面推行部门联合“双随机、一公开”监管的实施方案〉的通知》（京政办发〔2019〕14号）要求，检查结果还需录入“北京市行政执法信息服务”平台，其中涉嫌违法行为的查处受市法制办监控。

5.2.2.4 联合执法

联合执法也是水土保持监督管理工作的一种重要形式，主要是由多个部门和机构联合起来，共同对水土保持工作进行监督和管理。

在联合执法过程中，各部门和机构会根据各自的职责和权限，协同配合，对水土保持工作中存在的违法违规行为进行查处和纠正。具体来说，联合执法的内容包括对生产建设项目的现场检查、对水土保持违法行为的查处、对水土保持设施的验收等。

联合执法的特点包括：①多部门协同，共同开展水土保持监督管理工作；②整合资源，提高监管效率；③各部门之间相互配合，形成合力，确保监管效果。

通过水土保持联合执法，可以加强对水土保持工作的管理和监督，促进生产建设项目水土保持工作的落实，保护生态环境，维护人民群众的利益。

5.2.2.5 社会监督

社会监督是指公众对生产建设项目水土保持工作进行监督和管理，包括社会团体、企事业单位、民间组织和个人等。

在水土保持社会监督过程中，公众可以通过举报水土保持违法违规行为、参与水土保持宣传教育活动、参与水土保持评估和监督等方式开展社会监督。通过水土保持社会监督，可以更加及时地发现生产建设项目水土保持违法行为，增强公众的环保意识和责任感，促进水土保持工作的落实并提升效果，维护人民群众的利益，保护生态环境。

5.2.2.6 信息公示

水土保持监督管理信息公示是指将生产建设项目的水土保持工作情况进行公示，接受社会监督，同时增强公众对水土保持工作的了解和支持。公示的内容包括生产建设项目水土保持方案（水影响评价）审批情况、水土保持监测情况、水土流失情况、水土保持监管情况等。公示的方式包括公告、公示栏、网站等。公示内容应及时、准确、完整，便于公众查询和监督。通过信息公示，可提高监管的透明度和公信力。

5.2.3 事中监督管理程序

水土保持事中监督管理程序包括前期准备、现场检查、召开座谈会、检查结果印发、整改落实5个环节。

5.2.3.1 前期准备

确定监督检查对象，查阅有关资料，了解监督检查对象基本情况，包括项目位置、单位住址、单位性质、上级主管部门等基本信息，除此之外还要了解生产建设项目开工时间、规模、施工进度、水土保持方案（水影响评价）编报审批等情况。

制订监督检查方案，明确监督检查组织及人员、检查时间、检查内容、检查方式、检查程序、有关要求等内容，并印发监督检查通知。

5.2.3.2 现场检查

（1）内业检查。在外业检查前，要查阅生产建设项目内业资料，检查重点包括：①项目立项、水土保持方案及批复文件；②建设单位水土保持组织机构和专职人员配备相关资料；③建设单位水土保持工作制度；④水土保持设施后续设计、变更设计文件；⑤水土保持相关的承包合同；⑥项目建设过程中的施工进度报表、监理报告、监测报告等；⑦水土保持补偿费缴纳情况及相关票据。

（2）外业检查。外业检查是现场检查的核心，通过外业检查，全面掌握被检查单位是否存在违反水土保持法律法规的行为，是否全面履行了水土保持法定义务，施工过程中是否存在问题等。检查重点包括：①施工过程中损坏地貌、植被以及水土保持设施情况，检查是否存在越界施工；②项目是否按水土保持方案（水影响评价）及后续设计落实了防治措施，是否存在设计变更，水土保持措施进度是否与主体工程同步；③项目建设中是否存在随意弃土弃渣现象，弃土弃渣是否采取了防治措施；④项目建设中是否有违反水土保持法律法规的行为；⑤建设项目临时防护措施是否有效；⑥水土流失防治措施的质量标准是否达到有关技术标准；⑦项目施工现场管理情况；⑧对当地群众的调查。

5.2.3.3 召开座谈会

现场检查结束后，由监督检查组成员、建设单位代表、项目参建单位代表等参加，在项目建设所在地召开现场座谈会，通报现场监督检查情况。会议程序为：①介绍参会人员；②监督检查组进一步说明来意；③被检查单位汇报项目建设及水土流失防治措施实施情况；④其他参建单位进一步补充说明水土保持相关情况；⑤监督检查组成员对项目检查情况发表意见；⑥被检查单位对监督检查组提出的问题做解释和说明；⑦监督检查组根据现场检查、会议发言情况拟定现场监督检查意见，在讨论和拟定监督检查意见期间，建设单位和参建单位代表应当回避；⑧检查组组长宣读现场监督检查意见；⑨被检查单位表态发言。

5.2.3.4 检查结果印发

在现场检查结束后，及时核实检查情况并印发检查意见送达生产建设单位。发现存在下列情形的，应当责令限期整改：①依法应当办理水土保持方案（水影响评价）审批手续而未办理的；②生产建设单位未落实水土保持设施初步设计、施工图设计的，或者相关设计不符合水土保持技术规范标准的；③开展生产建设项目或者从事其他生产建设活动未按照水土保持技术规范、标准、水土保持方案（水影响评价）和后续设计落实水土保持措施的；④存在水土流失现象或水土流失隐患而未采取相应防治措施的；⑤依法应当开展水土保持监测工作而未开展的；⑥依法应当办理水土保持方案（水影响评价）变更手续而未办理的；⑦依法应当缴纳水土保持补偿费而未办理缴纳手续的。

5.2.3.5 整改落实

生产建设单位根据监督检查意见制订整改方案，落实整改要求，并在规定的期限内将整改情况书面反馈。水行政主管部门应督促生产建设单位及时整改，并提供技术指导和工作咨询。

对于监督检查中发现的需要限期整改的问题，生产建设单位应积极响应整改意见，在规定期限内切实做好整改工作。

5.2.4 事中监督管理处理

《中华人民共和国水土保持法》和《北京市水土保持条例》都明确了水土保持违法违规行为的法律责任。为规范和加强生产建设项目水土保持监督管理工作，水利部和北京市在相关规范性文件中也明确了各类违法违规行为的追责方式，如《生产建设项目水土保持监督管理办法》规定对责任单位的责任追究方式包括约谈、通报批评、重点监管、信用惩戒等；《水利部关于进一步深化“放管服”改革全面加强水土保持监管的意见》（办水保〔2019〕160 号）以及《水利部办公厅关于实施生产建设项目水土保持信用监管“两单”制度的通知》（办水保〔2020〕157 号），规定了对存在违法违规行为的责任单位采取“两单制”（“重点关注名单”和“失信黑名单”），对水土保持违法失信行为实行联合惩戒，严肃查处违法违规行为，严格责任追究，全面加强水土保持监督管理。《北京市水务局关于加强事中事后监管规范生产建设项目水土保持设施自主验收工作的通知》（京水务郊〔2018〕53 号）和《北京市加强生产建设项目水土保持事前事中事后监管实施方案（试行）》（京水务保〔2022〕4 号）等文件也规定，对跟踪检查中发现的违法违规行为依法查处，并对存在水土保持违法违规行为的生产建设单位和技术服务单位实行联合惩戒，加强行政执法与刑事司法的衔接，依法惩治水土流失违法行为。

根据《中华人民共和国行政处罚法》《中华人民共和国水土保持法》《水行政处罚实施

办法》（水利部令第 55 号）、各项法规和规范性文件以及实际监管经验，处罚的种类和程序如下：

5.2.4.1 处罚的种类

按照对行政管理的相对人行使的惩戒义务的性质，水土保持法律、法规规定的行政处罚可分为限制或剥夺权利的行政处罚、责令承担义务的行政处罚、影响声誉的处罚三类。

5.2.4.2 处罚的程序

在做出处罚时，不仅要查清事实，按照水土保持法律、法规的规定处罚，而且必须按照一定的程序处罚。如处罚程序不正确，则会直接影响对事实的认定和对法律的运用，导致滥用行政处罚权，损害公民、法人和其他组织的合法权益。根据法律、法规的有关规定，结合水土保持执法工作实践，水行政主管部门做出行政处罚的程序可分为一般处罚程序和简易处罚程序。

（1）一般处罚程序。大量违反水土保持法律、法规的案件，都需要事先调查取证，才能做出正确的行政处罚。这类需要调查取证的违反水土保持法律、法规案件的处罚通常采用一般处罚程序，即立案—调查—处理—送达—复议—执行。

（2）简易处罚程序。水土保持执法过程中的行政处罚除一般处罚程序外，还包括简易处罚程序。简易处罚程序又称当场处罚程序。当场处罚程序一般在情况紧急，非当场处罚不可，或者违法行为可能造成严重损失或危害时采用。如水行政主管部门执法人员发现施工单位正向江河、湖泊、水库倾倒弃土、弃渣，会造成严重水土流失的，可以当场给予处罚，责令其立即停止违法行为。又如在陡坡地、干旱区铲草皮、挖树兜，在土石山区取表土的，水行政主管部门的执法人员发现后，也可当场依据水土保持法律、法规的规定给予处罚。当场处罚的程序包括：出示证件，说明处罚原因；需要调查取证的应进行现场调查、测量、勘验；允许被处罚者对其违反水土保持法律、法规的事实，适用法律、法规条文及裁决结果发表意见，被处罚者的意见正确的、合法的，执法人员应采纳；出具处罚证明。

5.3 事 后 核 查

5.3.1 事后核查的内容和形式

事后核查是指水土保持设施验收核查，是水土保持工作的重要环节之一，主要目的是依法对生产建设项目水土保持设施验收情况进行核查，确保水土保持设施的质量和效果。

根据水土保持设施验收标准和条件，检查单位可以邀请项目所在地相关水行政主管部门或者专家参与核查，重点核查验收材料、验收程序、措施落实和防治效果等内容，形成核查结论。

水土保持设施完成情况核查以重点抽查和随机抽查相结合的方式进行。水土保持设施质量核查以查阅监理资料为主，结合现场随机抽查的方式进行。水土流失防治效果核查以查阅监测资料和现场随机抽查的方式进行。

5.3.2 事后核查的范围

水行政主管部门对水土保持监测评价结论为“红色”以及跟踪检查和验收报备材料核

查情况可能存在较严重水土保持问题的生产建设项目开展水土保持设施验收情况检查。

5.3.3 事后核查的结论

若未发现不合格现象，应当给出“水土保持设施验收程序履行、验收标准和条件执行方面未发现严重问题”的结论，若不符合规定程序或不满足验收标准和条件，应当给出“视同为水土保持设施验收不合格”的结论。核查结束后，核查单位应及时印发核查意见，对于核查结论不合格的，需列出问题清单，以书面形式告知生产建设单位，要求其限期整改；对于逾期不整改或者整改不到位投产使用的，由地方水行政主管部门按照相应法律规定进行处罚。

5.3.4 事后核查的程序

事后核查的程序包括准备阶段、核查阶段、核查结果印发阶段、整改落实及责任追究阶段。

5.3.4.1 准备阶段

（1）制订核查计划，明确时间安排、核查项目及核查方式等。

（2）印发核查通知，明确具体时间、核查内容、核查人员等，提前告知参建各方。

（3）督促生产建设单位做好核查准备工作。生产建设单位应对水土保持工程实施情况进行自查，准备水土保持方案（水影响评价）、技术审查意见、承诺书和准予行政许可决定书、设计文件、水土保持设施验收相关文件。

5.3.4.2 核查阶段

（1）资料检查。查阅生产建设单位水土保持方案（水影响评价）、技术审查意见、承诺书、准予行政许可决定书等资料，水土保持工作组织管理相关资料，水土保持项目初步设计、施工图设计等资料，水土保持补偿费缴纳资料等。有弃土（渣）场的需查阅弃土（渣）场及其安全生产管理相关资料。依法依规需开展水土保持监测、监理的项目查阅监理报告、监理日志，水土保持监测机构文件以及监测实施方案、监测报告、水土保持设施验收相关文件。涉及水土保持方案（水影响评价）重大变更的还需查阅变更报批资料。有历次各级水行政主管部门提出监督检查意见的还应查阅相关监督检查意见和整改落实资料等。

（2）现场核查。对照水土保持方案（水影响评价）和后续设计，检查建设项目主体工程布局、水土流失防治责任范围和防治措施变更情况；水土保持工程措施、植物措施、临时措施实施进度及落实情况，包括建设项目用地的表土剥离、保存和利用情况，弃（排）土（渣）等重点区域或部位的防护、拦挡、排水及其安全生产等措施，大型弃渣场、取土场和高陡边坡应重点检查。有历次各级水行政主管部门提出监督检查意见的，现场还应检查整改意见落实情况。现场检查应详细记录检查地点（如标段、桩号）、措施类型、设计要求、实施情况、存在问题等，并拍摄现场照片（照片上应显示日期）。

（3）交换意见。核查组在现场检查结束后，应与建设单位现场交换意见，填写核查记录表。

5.3.4.3 核查结果印发阶段

在核查结束后，根据现场和资料检查情况，填写核查意见表，形成“水土保持设施验收程序履行、验收标准和条件执行方面未发现严重问题”或“视同为水土保持设施验收不合格”的核查结论。

存在下列情形之一的，应给出“视同为水土保持设施验收不合格”的结论：

（1）未依法依规履行水土保持方案（水影响评价）及重大变更的编报审批程序的。

（2）未依法依规开展水土保持监测的。

（3）未依法依规开展水土保持监理工作的。

（4）废弃土石渣未堆放在经批准的水土保持方案（水影响评价）确定的专门存放地的。

（5）水土保持措施体系、等级和标准未按经批准的水土保持方案（水影响评价报告）要求落实的。

（6）重要防护对象无安全稳定结论或结论为不稳定的。

（7）水土保持分部工程和单位工程未经验收或验收不合格的。

（8）水土保持设施验收报告、水土保持监测总结报告等材料弄虚作假或存在重大技术问题的。

（9）未依法依规缴纳水土保持补偿费的。

5.3.4.4 整改落实及责任追究阶段

（1）整改落实。对于水土保持设施验收核查结论为“视同为水土保持设施验收不合格”的建设项目，以书面形式告知生产建设单位，列出问题清单，责令其限期整改。逾期不整改或整改不到位投产使用的，依《中华人民共和国水土保持法》进行处罚。

（2）责任追究。按照《水利部办公厅关于印发生产建设项目水土保持问题分类和责任追究标准的通知》（办水保函〔2020〕564号）认定问题，依法追究相关单位和人员的责任。

（3）跟踪落实问效。对生产建设单位整改情况进行检查，对不能及时落实整改要求的生产建设单位，根据违法事实和情节轻重，按照立案、调查取证、内部审议、告知听证、处罚决定、送达、执行要求，启动行政处罚程序。

第6章 案例与成效

6.1 北京温榆河公园

北京温榆河公园位于北京市中心城东北边缘，朝阳、顺义和昌平三区交界，清河、温榆河和老河湾三河交汇处，占地 30km^2（相当于一个澳门）。在《北京城市总体规划（2016 年—2035 年）》中，它处于第二道绿化隔离带内，是城市多条通廊的必经之地，在城市防洪排涝规划中是城区最大的蓄滞洪区（百年蓄滞洪规模达到 1200 万 m^3）。

北京温榆河公园规划位置示意图如图 6.1 所示。

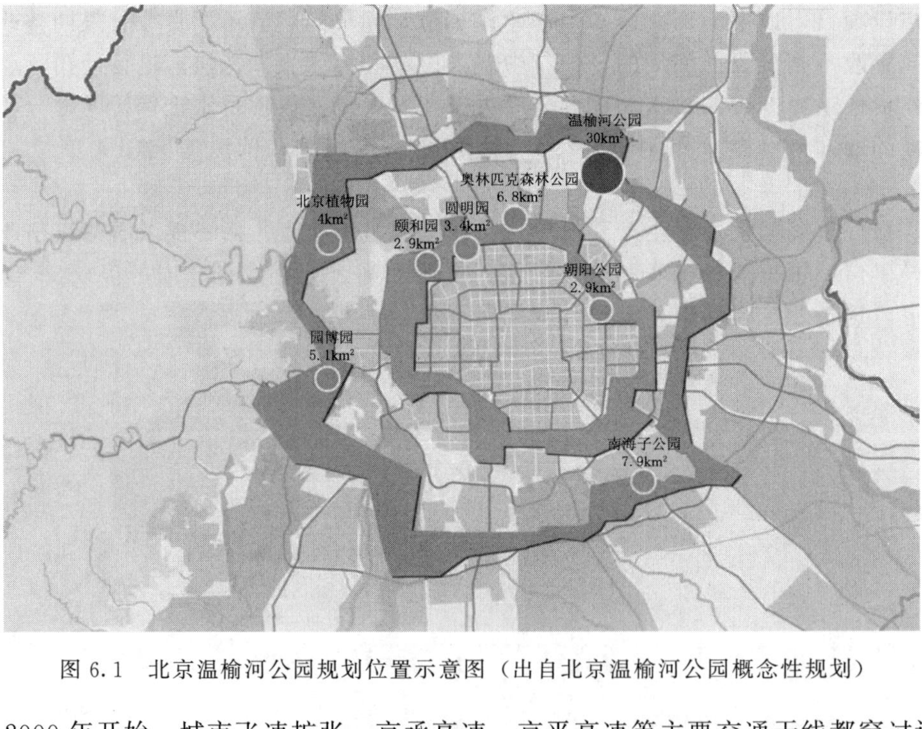

图 6.1 北京温榆河公园规划位置示意图（出自北京温榆河公园概念性规划）

从 2000 年开始，城市飞速扩张，京承高速、京平高速等主要交通干线都穿过该区域，大量低级次产业聚集，收购站、搅拌站、砂石厂多达几十家，采砂、洗砂的噪声从早响到晚，砂石厂每年至少抽取 900 万 t 清水，洗砂水不经处理直接排放，排水干渠年年淤塞。出租大院人员密集，环境脏乱差，存在安全隐患。解决历史遗留问题，实现城市功能规划，成为北京温榆河公园建设的初衷。其中，朝阳区拆迁 5 个村，面积超过 300 万 m^2，顺义区拆迁涉及低端产业用地和个人土地达 60 宗，昌平区拆迁了临时公交场站等废弃的城市设施超过 1 万 m^2。

2017 年，北京市委市政府开始规划建设北京温榆河公园。公园以习近平生态文明思想、习近平总书记历次视察北京的讲话精神为指导，牢固树立山水林田湖草沙一体化保护和系统治理的思路，以“生态、生活、生机”的内涵为统领，是提升区域生态环境、推动城乡一体化跨区域生态修复和城市修补工作的具体实践。

北京温榆河公园规划建设前影像图（2017 年城市影像图）如图 6.2 所示，控制性详细规划效果图如图 6.3 所示。

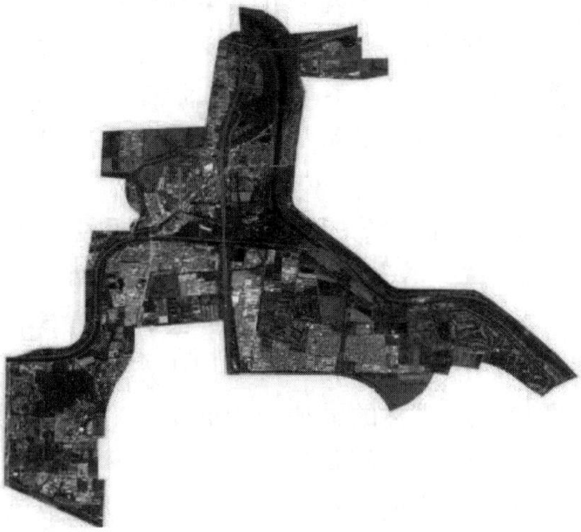

图 6.2 北京温榆河公园规划建设前影像图（2017 年城市影像图）

图 6.3 北京温榆河公园控制性详细规划效果图

北京温榆河公园依托清河和温榆河，与永定河、凉水河、通惠河、北运河共同构建中心城区三环水系绕京城的绿色生态圈，成为北京城区山水生态格局的重要组成部分。2020 年，《温榆河公园控制性详细规划》对外发布，规划构建“一心、两带、多廊、十片、多点”的整体空间格局，“一区三河六闸堰、二水五环十湿田”的防洪水生态格局，“一心、三核、四脉”的自然带格局，“四横三纵”的市政交通格局，“1＋2＋3＋X”的智慧系统架构，形成整体有序、功能多元、蓝绿交织的生态空间，建成后将成为北京城区最大的“绿肺”。

北京温榆河公园统筹山水林田湖草沙自然资源的保护、修复与利用，展现蓝绿生态服务系统的资源化、科学性、可感知，将自己打造成新时代首都生态文明建设的“金名片”。

（1）以山为骨架，坚持土方平衡。在建设过程中，结合现状地形，随形就势，以低扰动、少挖方为原则，不断优化竖向设计，完成北京温榆河公园百年一遇蓄滞洪 1200 万 m^3、4 处内涝防治、5 处净水环廊、10 处自然湿地等洪涝和净化功能区建设。公园建设总渣土挖方量为 550 万 m^3，全部按照“就近平衡、项目间平衡和各区之间平衡”的原则，进行统筹分类、分区、分期利用，营造地形景观，实现土方不外运，不新增其他区域扰动。蓄滞洪区构建“三湾三岭”，一期打造示范区“芸上梯田”、朝阳“阿尔法”和顺义“温榆远树”等景点，二期实现顺义“映水停云”和朝阳“稷香山”等高视点的山体景观骨架。优化竖向设计，消纳渣土，进行资源减量综合利用，既能实现功能，营造景观，丰富生境，也能让百姓体验的空间地形有起伏、有纵深感，增加了游园乐趣。

（2）以水为魂，做足水文章。北京温榆河公园规划“一区三河六闸堰、二水五环十湿田”水生态格局。利用两河交汇之利，顺势而为，有序淹没，巧妙设计了蓄滞洪区，生态治理清河、老河湾和温榆河，形成3条防洪排水通道，新建3处节制闸、3处控制堰，科学调度洪水，有效衔接了中心城“西蓄、东排、南北分洪”的防洪格局和城市副中心通州堰“上蓄、中疏、下排”的防洪格局，确保了北运河流域下游城市副中心的防洪安全。优先使用再生水，充分利用雨洪水，梳理和连通21条现状沟渠形成5条净水环廊，利用坑塘、鱼池、湖泊和河道滩涂等低洼地势构建10片自然湿地，确保公园水体自净，符合生物栖息环境，同时开放了45km滨水慢行系统，多处水域开展了水上运动。公园规划建设以水为魂，通过保障水安全、净化水环境、修复水生态、提升水景观、增加水乐趣，做足了水文章。

（3）以林为底色，构建近自然森林生态系统。北京温榆河公园根据生态调查和生态监测成果，研究划定“一心、三核、四脉”自然带区域。“一心”：温榆生态心，位于两河交汇处，是鸟类主要栖息地；“三核”：森林生态核、湿地生态核和灌丛草地生态核，是具有代表性的生态系统空间；“四脉”：清河生态水脉、老河湾生态水脉、温榆河生态水脉和京承高速生态林脉，是生态廊道和动物迁徙通道。现状平原造林的林地为$10km^2$，有$85hm^2$森林生态核、7200m长生态林脉，通过人工抚育和改造，以及调整林份、更新林龄、丰富复层结构、打开林窗等措施，形成了近自然的具有北方特色的森林生态系统，这也成为鸳鸯、红角鸮、野兔、野鸡和刺猬等野生保护物种的繁衍栖息地。

（4）以农田为景，四季种四季美。防止农田“非农化”行为，保留北京温榆河公园范围内现状农田$278hm^2$，结合农田类型，合理种植农田。将所有农田编号入册，共33块，明确田块责任主体，负责整治耕作层、修建田间路、完善挡土排水设施、增加农田退水净化塘和农田防护林等农田基本建设，因此雨季很少发生水土流失问题；在种植过程中，根据北方四季的明显差异，春季种植油菜花和麦子，夏季种植荷花和茭白，秋季收获玉米、谷子和棉花，冬季又种下冬小麦，使农田形成四季大地景观；强调少用化肥和农药，曾在收割的玉米地里发现大鸨栖息。公园周边社区和学校会组织孩子们来公园开展农业生态教育和体验互动活动项目，真正做到把生态课堂搬进公园，培养孩子们的护田爱田意识，也增加了公园的吸引力。

（5）以湖为示范，用生态办法解决生态问题。北京温榆河公园规划把现在的坑塘和低洼地通过地形整理，打造成可积蓄雨水和保留再生水的湖区，规划建设水面面积达到$350hm^2$，占公园总面积的11.7%。已经建好的示范区玉湖、沁湖和顺义一期的方湖，通过沟渠实现水系联通，具有自动补水和退水的功能；运用园林手法将湖形和湖岸线进行景观化设计，玉湖与曲河相连像如意，沁湖好似秋天的银杏叶，方湖如月牙一般，既治水又造园；湖区按照不同水深，营造浅湾湿地、水下森林、自由水面，打造多种水生生境，丰富了水生动植物，生态监测发现了马口鱼、宽鳍鱲、黑鳍鳈等水体清洁指示物种，近年疣鼻天鹅幼鸟在此过冬，冠鱼狗在此繁殖，黄胸鹀在此栖息，整体形成了由“水动力、水交换、水形态、水生态”呈现的健康水生生态系统，做到用生态办法解决生态问题。

(6) 以草为特色，荒野化管理形成自然生境。北京温榆河公园自然带中有生态心 $245hm^2$、灌丛草地生态核 $85hm^2$、湿地生态核 $123hm^2$、3 条水脉 21km、公园绿道和市政道路两侧 38km 以灌丛草地生境为主。道路两侧利用野花组合和野花带为蜂、蝶等昆虫提供食源蜜源。在建设过程中，腾退区和堆土区闲置超过一年时间，通过撒播速生草种，快速恢复植被，将土地和土体进行熟化处理，待植物复壮后，按照自然郊野模式低维护运营；有些现状野生动物丰富的区域，不割草，进行荒野化管理，保护野生植被群落，为野生动物提供迁徙停留、栖息繁衍的自然空间，为成长型公园留出更多“成长空间”。北京温榆河公园通过再野化和荒野化的措施和手法，使昆虫种类逐渐增加。

(7) 以沙为记忆，留住乡愁。北京温榆河公园处于清河和温榆河两河交汇处，具有丰富的河沙资源，随着城市的发展，朝阳和顺义两区居民在该地区多年进行挖沙、采砂、洗砂等经营性砂石料无序生产，破坏了生态环境，污染了环境。公园规划建设初期，村庄和企业搬迁，留下了砂石坑和砂石料，公园示范区、“故城记忆”和“未来智谷”经统筹，打造休闲沙滩等 3 处景观节点，留住了沙子营村的乡愁记忆，同时也便于警示后人。

北京温榆河公园集生态涵养、生态修复、蓄滞洪功能于一体，兼顾文化、休闲、体育等多元功能，形成水绿融合、生物多样、生态惠民的大尺度生态空间。探索荒野式管理模式，严格落实公园四级管控要求，充分展示山、水、林、田、湖、草、沙各自然资源和生态要素，构建多样性生境，将北京温榆河公园打造成为生态体验感十足的大尺度生态空间，营造森林、花海、湖泊、梯田交织，清新明亮的多种自然美景。生态监测发现了中华秋沙鸭、大鸨、青头潜鸭、东方白鹳、疣鼻天鹅、雕鸮、反嘴鹬、马口鱼、宽鳍鱲、黑鳍鳈和野大豆等珍稀物种。疣鼻天鹅、冠鱼狗、黄胸鹀、红角鸮等国家重点保护物种在北京温榆河公园栖息繁殖，公园因此成为“鸟的天堂、鱼的家园”。借助园林手法设置的景点增设免费篮球场、乒乓球场等，给周边（昌平回天地区、科学未来城、歇甲组团，顺义后沙峪、国际空港，朝阳孙河组团等）百万居民提供休闲、健身、娱乐的好去处，并成为千万市民的后花园。如今，成长型公园“生态、生活、生机”的功能定位在扎实推进。

6.2 城市绿心森林公园

2017 年 9 月 27 日，中共中央国务院对《北京城市总体规划（2016 年—2035 年）》作出批复。该规划提出，北京城市副中心构建“一带、一轴、多组团”的城市空间结构。该规划同时提出，北京城市副中心应构建大尺度绿色空间，促进城旅融合发展，形成“两带、一环、一心”的绿色空间结构。具中“一心”即城市绿心，通过对原东方化工厂地区进行生态治理，建设公园绿地及若干公共文化设施，打造市民中心。城市绿心位于创新发展轴和生态文明带的交汇处，是北京城市副中心重点功能区之一。

2018 年 9 月，通州区正式发布《通州区国家森林城市建设总体规划（2018—2035 年）》。该规划以“一心、一环、两带、两区”为总体布局，其中“一心”指建设大型城市绿心，规划建成后绿化覆盖率达到 50%以上，形成副中心的核心“绿肺”。北京城市副中心要建设一座千年之城，千年之城自然需要顶级的生态枢纽。在城市绿心设计方案的国际征集过程中，园林、规划、水利等方面的专家重重把关，面对诸多设计稿，博采众长。

城市绿心呈现以下特点：①面积大，展开一张副中心规划图，人们的目光总会不自觉地落在中央地带的城市绿心上，它处于城市副中心创新发展轴和生态文明带的交汇处，面积达 11.2km^2，相当于 3.8 个颐和园或 2 个奥林匹克森林公园的面积；②理念新，通州位于九河下梢，防洪是不得不考虑的难题，城市绿心采用“海绵城市”理念，塑造了精细的地形，开挖出一汪小湖，汹涌的雨水可在此歇脚，做到 50 年一遇洪水不外排，此外园区建筑还运用“地源热泵＋光伏发电”技术，支持空调系统运行，成为全市首座“近零碳公园”；③功能多，在通州新城的中央，拿出如此大面积的宝贵土地建森林公园，追求的自然不仅仅是休闲游憩，城市绿心集生态修复、市民休闲、文化传承于一体，西北角的博物馆、图书馆和剧院“三大建筑”，将成为市民文化中心。

为全面落实北京城市副中心定位，加快创建国家森林城市，通州区政府加强城市绿心的园林绿化建设。通过深入贯彻落实科学发展观，坚持科学发展和精品战略，紧紧围绕着建设“三个北京、四个服务、五个之都”的任务，实施“生态园林、科技园林、人文园林”三大战略，把握“世界眼光、国际标准、国内一流、通州特色”四大取向，构建高品位景观游憩体系，努力形成与世界城市和北京城市副中心相适应、人与自然和谐发展、城乡一体统筹推进、全民参与共建共享、管理服务优质高效的发展格局，为北京城市副中心的建设奠定扎实的生态环境基础。

实施城市绿心园林绿化工程是深入贯彻十九大精神、建设美丽中国的实践行动；是促进京津冀区域协同发展的战略举措；是加快建设绿色北京和国际一流的和谐宜居之都的必要措施；是创建国家生态园林城市、国家森林城市的重要支撑；是改善生态环境，提升北京城市副中心形象的紧迫要求。

图 6.4　城市绿心建设工地

城市绿心位于城市副中心“一带、一轴”空间结构的交汇处，紧邻大运河。改造前由中部的东方化工厂、外围的造纸七厂等停产的老旧厂区和环绕周边的三个村庄等构成，包含北运河故道遗址、小圣庙遗址及部分工业遗存等文脉印迹，生态基础薄弱，生态系统脆弱。

城市绿心建设工地如图 6.4 所示。

为落实副中心控规要求，北京市于 2016 年启动城市绿心改造建设工作，实施可持续的生态环境管控措施，构建大尺度绿色生态本底，形成森林公园；对部分厂房如东亚铝业、造纸七厂等进行更新改造，植入公共服务、文化展示、体育休闲等功能，焕发片区活力；结合功能组团，完善共享配套，形成复合型“城市客厅”。城市绿心的位置如图 6.5 所示。

城市绿心规划结构为“一核、两环、三带、五片区”，包括生态保育核心区；动感活力环、节气文化环；现状大运河文化带、运河故道景观带、规划六环高线公园带；文化区、科普区、湿地区、体育区、休闲区。城市绿心规划结构如图 6.6 所示。

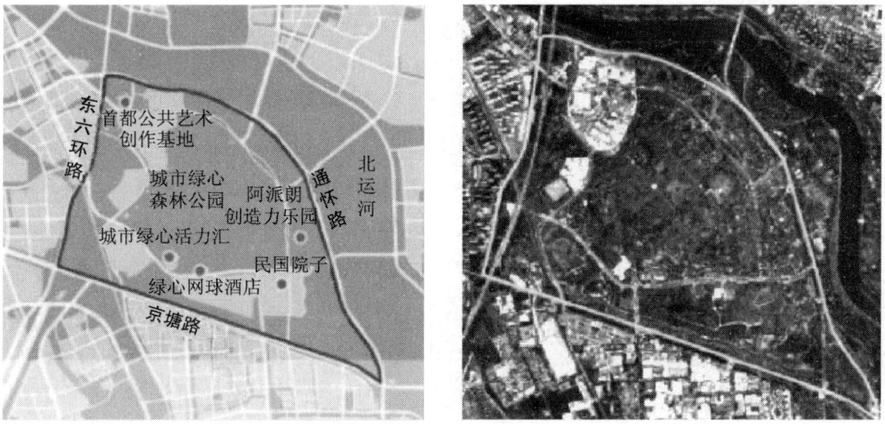

图 6.5 城市绿心的位置

为突出项目绿色生态核心、文化核心和活力核心内涵，2020 年 8 月 18 日，北京城市副中心召开城市绿心新闻发布会，城市绿心项目被正式命名为“城市绿心森林公园”，9 月 29 日，城市绿心森林公园正式开园。

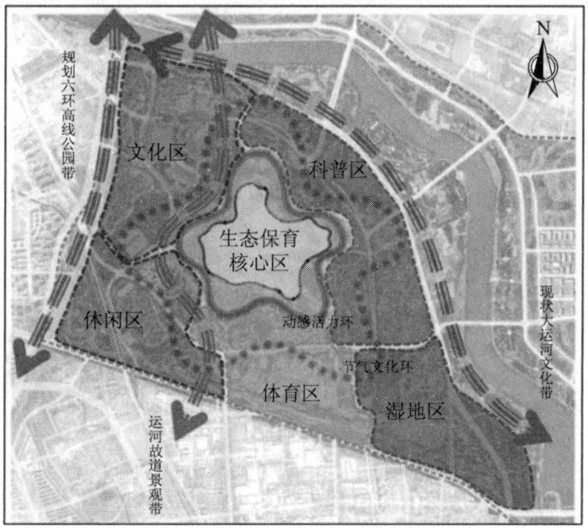

图 6.6 城市绿心规划结构

长 5.5km 的动感活力环路沿线序列种植 4 排白蜡和 2 排银杏，共计 6000 株高大彩叶乔木，秋天将形成金色星形景观大道。环路由 8m 宽的骑行道和 3m 宽的漫步道构成，能够满足市民跑步、骑行、健身需求。城市绿心森林公园利用雨水花园、景观湖、运河故道、植草沟完成雨水传输和汇集，实现雨水的景观利用，50 年一遇的雨水不外排，蓄水能力达到 105 万 m^3，建成了海绵城市示范区。城市绿心森林公园的形象标识蕴含着人与自然和谐共生的新发展理念。主要组成元素使用了表示“人”的抽象性五角星，以及城市绿心森林公园最具代表性的“星形园路环”形态。两个星形交织穿插，体现了人在自然中尽情舒展、和谐律动、活力洋溢。五角星蕴含数字“五”，呼应城市绿心森林公园规划建设扎实践行创新、协调、绿色、开放、共享的五大发展理念，体现了时代精神。同时，在中国传统文化中，数字“五”也寓意动态的平衡，传递着生生不息、永续发展的美好寓意。在色彩上，分别使用了天空蓝与自然绿，基调清新明亮，展现了蓝绿交织、水城共融的生态格局，体现了人与自然的诗意共鸣。城市绿心森林公园形象标识如图 6.7 所示。

城市绿心森林公园的规划建设，推动构建了“让绿色融入城市、城在林中”的副中心城市格局。城市绿心森林公园中央的星形园路长达 5.5km，生态保育核心区的面积为 $78hm^2$。保留了 6000 棵老树，新栽了 13 万棵乔木，植物种类超 110 种。城市绿心森林公

图 6.7　城市绿心森林公园形象标识

园建设时，共利用旧建筑面积超过 3.1 万 m^2，累计消纳建筑垃圾 110 万 m^3。城市绿心森林公园的可再生能源利用率超过 40%。每年可减少二氧化碳排放 11556t，相当于约 20km^2 森林（约 2 个城市绿心森林公园面积）每年的碳汇。园区生态环境持续向好，生态恢复效果显著。环境监测结果显示，城市绿心森林公园空气负氧离子年平均值可达 3700 个/cm^3，高于世界卫生组织规定的清新空气中负氧离子标准浓度以及北京市区负氧离子平均值。随着自然生态系统的恢复，生物多样性也日益丰富，已有 50 多种野生动物在城市绿心森林公园安家。从化工厂到大公园，城市绿心森林公园已成为京城东部最火的打卡地。城市绿心森林公园的建成使用有效提高了北京城市副中心的品质，有效增进了副中心居民共同的民生福祉，深受人民群众喜爱。

6.3　北京冬奥场馆延庆赛区核心区项目

2022 年北京冬奥会及冬季残奥会分为北京赛区、延庆赛区和张家口赛区。延庆赛区是三大赛区之一，主要建设有国家高山滑雪中心、国家雪车雪橇中心和市政配套工程。冬奥会延庆赛区建设单位为北京北控京奥建设有限公司。为落实绿色办奥理念，建设单位在延庆赛区开展了表土剥离与利用工作。表土剥离与利用是赛区生态保护、近自然植被恢复和水土保持的关键。

在对冬奥会延庆赛区进行表土剥离时，先对生态环境和表土分布状况进行了详细调查。通过对表土种子库、区位剥离条件及表土砾石含量等进行研究，结合高精度地形图，明确了需剥离表土的范围和厚度，计算了剥离表土量，合理制订剥离方案，实现了赛区表土的全范围剥离、分层剥离与原位利用。山区地形陡峻、气候复杂多变，山地土壤石砾含量大，面临的生态保护和生态修复工作更加严峻，相关的表土剥离工艺及利用方案需要结合工程实际提出优化设计。该项目作为建设项目表土剥离与综合利用的典型案例，可为北京山区建设项目水土保持和表土综合利用提供很好的借鉴。

延庆赛区地处北京延庆西北部燕山山脉的军都山中，区内地形复杂，山势陡峭，峰峦连绵起伏。项目实施范围为 2022 年北京冬奥会及冬季残奥会延庆赛区高山滑雪区内的滑雪道以及技术道路设计区域，涉及总面积约为 63.6hm^2，其中滑雪道面积 33.9hm^2，包括 5 条比赛赛道和技术赛道，总长度约 9km；技术道路设计区域面积 29.7hm^2。该区域地形复杂，横跨阔叶混交林带和高山草甸带，拥有丰富的动植物资源，其中海坨山的高山草甸由于海拔较高，低温、缺水、风大，土质为沙石土，有机质较少，植被稀少而羸弱，生态环境极为脆弱。

冬奥会延庆赛区在建设高山滑雪道、雪车雪橇道及市政配套工程时开展了大量的表土剥离工作。建设单位聘请专家编制了《北京2022年冬奥会及冬残奥会延庆赛区高山滑雪中心滑雪道、国家雪车雪橇中心及市政配套工程表土剥离与利用方案》，在表土剥离与利用的工作中，首次提出全范围剥离和分层剥离，最大限度地保护土壤种质资源和土壤肥力，保障了生态修复工作的顺利开展，开创性地将方案成果落在高精度（1：500）地形图上，详细调查了表土覆盖面积、剥离体积、施工范围等关键参数，极大地提高了施工的精度。下面就延庆赛区表土剥离与利用经验，主要从以下3个方面加以总结：

1. *表土剥离厚度及范围确定*

为了确定赛区要剥离表土的厚度及分布范围，进行了表土资源调查。基于规划图所用的大地坐标系，划分了50m×50m网格，确定调查涉及范围和方格编号。依照划定的方格，在对应区域随机位置利用土钻进行表土资源调查，对于石砾含量高的区域，挖掘剖面，记录每一个方格的表土厚度，并估计地表土壤比例和石砾含量情况。根据现场调查及土壤种子库试验结果，参照国际土壤学会提出的土壤剖面划分标准，将有机层、腐殖质层和淋溶层上部作为表土层考虑。

根据表土调查情况，将赛区表土分为土壤剥离条件良好、中等和差三类，进行分区剥离和全范围剥离。土壤剥离条件良好区为表土厚度大于15cm区域，该区域以实际表土厚度作为建议剥离厚度。土壤剥离条件中等的区域，表土厚度在10～15cm之间，当剖面深度不小于15cm时，建议表土剥离厚度为15cm；表土厚度在5～10cm之间，当剖面深度不小于10cm时，建议表土剥离厚度为10cm。土壤剥离条件差的区域，表土厚度在0～5cm之间，当剖面深度不小于5cm时，建议表土剥离厚度为5cm；若土壤石砾含量大，无法取至对应深度时，以最大挖深作为建议表土剥离厚度。

根据实地砾石含量调查，结合表土种子库特征，确定了不同区域的表土剥离厚度。市政配套工程建设区域，条件良好区表土剥离厚度为20cm，条件一般区剥离厚度为10cm；雪车雪橇中心建设区域整体坡度较平缓，石砾含量不高，各区块表土条件十分接近，剥离厚度为10cm；高山滑雪中心建设区域地形起伏大，海拔高差大，表土剥离面积大，表土厚度分布不均，剥离厚度需分区域区别对待，表土剥离厚度为5～18cm。

2. *表土剥离、堆存与防护的方法与程序*

赛区地形陡峭，表土剥离工作难度较大，相对于平原地区不宜大面积进行机械作业。赛区内生态环境敏感，必须采用人工加小型机械的方式进行剥离，具体流程为：测样放线—清理场地—采集土壤—装袋—运输—存放。

（1）测样放线。依照表土资源调查结果和具体施工要求，进行现场测样放线，在此过程中应统计表土剥离施工面积，以及最终的施工范围，必须明确边界范围，以免在后续流程中造成不必要的扰动。

（2）清理场地。依据现场调研情况，树木清理后，现场还有大量的落叶、表层腐叶和残枝，采用机械辅以人工的方式，清理表面的石头、残枝、杂物和落叶等；对于地表难以清除的大型石砾，采用风镐或以爆破的方式予以破碎，并集中堆放在两侧，以备后续的边坡修复或填方使用。同时，严格按照施工范围开展工作，以免对范围外的区域造成破坏。清理出来的残枝、落叶和杂物等应妥善处理，其中残枝落叶严禁长时间集中堆放在山区以免失火，塑料等无法降解的杂物可作为垃圾处理。

（3）采集土壤。采集和收集工作采用人工辅以机械的方式，部分坡度较缓且石砾含量较低的区域，若条件允许，则可以考虑机械进场作业。采集时，尽量达到该区域建议剥离厚度的最大值，在石砾含量过大的局部区域可稍作削减（纯裸露岩石区域不在考虑范围内）。机械进场施工时，提前对施工便道区域进行表土剥离，若需要加快施工进度，可考虑修建直通山顶的施工便道，多个区域同时施工。分区分块进行编号和记录，有利于统计表土采集量，施工时应有人在现场监督指挥，以免施工中产生不必要的扰动，并确保施工质量和效率。各区域编号可参照表土调查的编号方式或由施工方自己选定。

（4）装袋。项目以人工装袋，土袋应由环保材料制造，在装袋过程中将较大的土块打散，同时挑拣出大的石砾，保证待存放土壤中没有直径大于10cm的土壤团块，单袋土壤不超过50kg，以方便运输和堆放；在有机械运输的条件下，可考虑使用吨袋，装袋过程中不得压实土壤，但可抖动填充土袋，保持土壤孔隙度。每个收集的土袋应在扎口处放置标签，或在土袋上记录采集区域编号，并做统计表格，记录备案。

（5）运输。土壤装袋后应及时运输到堆土点存放。若运输困难，可考虑在施工过程中逐步在完成区修建临时道路（可考虑与后续施工顺序相结合），由车辆运输至堆放点；若条件无法满足，可考虑建设简易索道配合人工运输，以减小运输难度，提高运输效率。

（6）存放。土壤存放以吨袋形式或以土堆形式直接存放，存放点应在地势相对较高的位置，以防地表径流的冲刷和肥力的流失，同时苫盖环保土工布，以防扬尘和雨水冲刷，在苫盖严整的情况下，可在其上覆盖多余土方。堆放点位置应同时考虑各区域施工顺序，以免长期堆放情况下多次运输而造成土壤与资源的浪费。另外，雪车雪橇中心建设区域和高山草甸区表土与其他区域的表土分别存放，以免后续利用过程中混淆。

3. 表土综合利用

赛区内剥离表土的利用主要集中在生境修复、边坡工程和景观营造三个方向。为了更好地利用表土资源，减少浪费，在利用过程中应遵循以下原则：

（1）同区优先。由于赛区垂直跨度较大，不同海拔土壤的理化性质与土壤种子库情况存在差别，因此剥离表土的利用应遵循同区优先的原则。不同项目区与其他区域的剥离表土应分别优先在本区域内进行利用，避免交叉使用，这样有利于相应植被的生长恢复，同时表土中所含的种子也更容易萌发，这对珍稀植物的保护有着很重要的意义。在满足本区域的需求，且其他区域仍然需要表土的情况下，才可进行跨区域的表土资源利用，在此情况下的利用则应该满足需求优先的原则。

（2）需求优先。在满足同区优先原则的情况下，为了尽快恢复项目区内原有的生态环境，首先优先利用剥离的表土完成生境恢复工作，如保护区、生态廊道的建设，珍稀植被资源保护等；其次是边坡工程中的表土供给，在设计建设过程中利用本地表土辅以相应措施可以提高工作效率，减少恢复周期；最后考虑景观营造方面的剥离表土利用，景观营造虽然同样是生态修复的一环，但其开始时间多晚于工程主体的完成时间，这使得在表土剥离完成与其使用之间有着较大的时间跨度而造成表土资源长时间闲置，不仅需要长时间提供存放场地，还面临着表土肥力流失、种子存活率下降的可能。

（3）尽早利用。表土资源的珍贵不仅在于其与本地环境相匹配的理化性质，更在于其中的种质资源，据先期调查与试验所得数据，阔叶混交林区域土壤中含有23科40属49

种灌木、草本植物种子，地表 20cm 土层中所含的种子密度平均为 1500 粒/m^2，若临时堆放超过一年，表土中的种子将失活。为了减少这部分损失，在施工完毕后尽早开展表土利用，在春夏两季开展上文中提到的相应工作，这对种子的萌发十分有利。

结合现场调查，根据项目区的表土资源情况，在明确表土剥离范围、确定剥离厚度和剥离量等基础上，确定合理的剥离工艺，在表土利用的过程中做到同区优先、需求优先及尽早利用等，合理组织施工，是做好表土的剥离、保护及利用的重要环节，也是实现环境保护、最大可能地恢复原有生态和快速实现生态恢复的关键。

延庆赛区总平面图如图 6.8 所示。

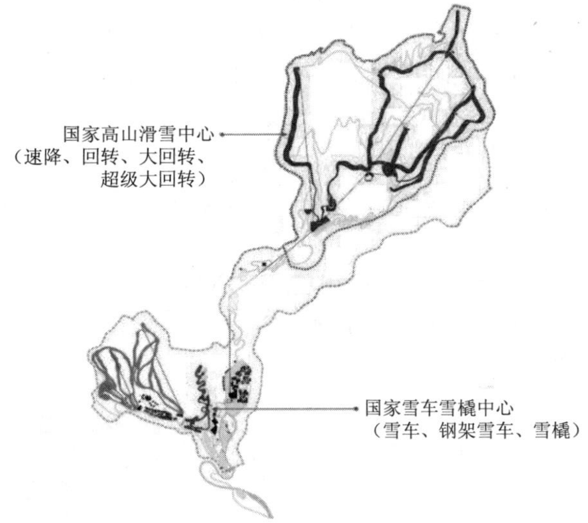

图 6.8　延庆赛区总平面图

6.4 奥运龙形水系

北京奥林匹克公园是一座位于北京城中轴线北端的独特文化景观，作为北京城市传统中轴线的延伸，寓意中国千年历史文化的延续。园区规划集中体现了“科技、绿色、人文”三大理念，其中有亚洲最大的城区人工水系、亚洲最大的城市绿化景观、世界最开阔的步行广场、亚洲最长的地下交通环廊和最大的庆典广场，是一个着眼于城市长远发展和市民物质文化生活需要，集体育竞赛、会议展览、文化娱乐和休闲购物于一体，空间开敞、绿地环绕、环境优美，能够提供多功能服务的市民公共活动中心。

北京奥林匹克公园总占地面积为 11.59km^2，分 3 个区域，北部是占地 6.8km^2 的奥林匹克森林公园；中部是占地 3.15km^2 的鸟巢、水立方、国家体育馆、国家会议中心等主要场馆和配套设施；南部是占地 1.64km^2 的已建成场馆区和预留地。除了场馆绿地，公园内还包括一条贯穿南北的龙形水系和位于地下 9m 处的下沉花园，其中琳琅满目的雕塑作品、各式精心设计的花卉图案和景观灯柱等，共同组成一片观光娱乐的休闲胜地。

北京奥林匹克公园内的龙形水系由奥林匹克森林公园的主景奥运湖和绵延在公园东部的景观河道共同构成，在这条水系中，龙的身体蜿蜒穿越奥林匹克森林公园，张开的龙嘴对着清河，而其尾巴环绕着国家体育场，与周边环境融为一体，形成良性生态水循环系统，是自然和谐的生态景观。

北京奥林匹克公园总水面面积超过 84hm^2，其中中心区 16.5hm^2，奥林匹克森林公园 67.7hm^2，总水面面积占公园总面积的 7.6%，总蓄水体积为 120 万 m^3。

北京奥林匹克公园建设了节约用水、再生水利用、雨洪利用、水循环净化、水生态环境 5 个水系统，设计做到了水系生态设计、节水严格管理、中水回用优先与雨水充分利用，实现了全面节水、高效用水、循环流动，维护了水的健康生命，充分体现了“绿色、科技、人文”的奥运三大理念。

北京奥林匹克公园每日排放污水 2.56 万 m^3，全部收集进入北小河污水处理厂。利用反渗透膜处理技术，中水水质可达到地表水Ⅲ类标准，全部返回用于公园的冲厕、绿化、环境用水。

北京奥林匹克公园中心区景观水系为“龙身”（图 6.9），全年用水 60 万 m^3，全部利用北小河再生水厂的中水，水质为Ⅲ类，人体可以接触，安全无害。

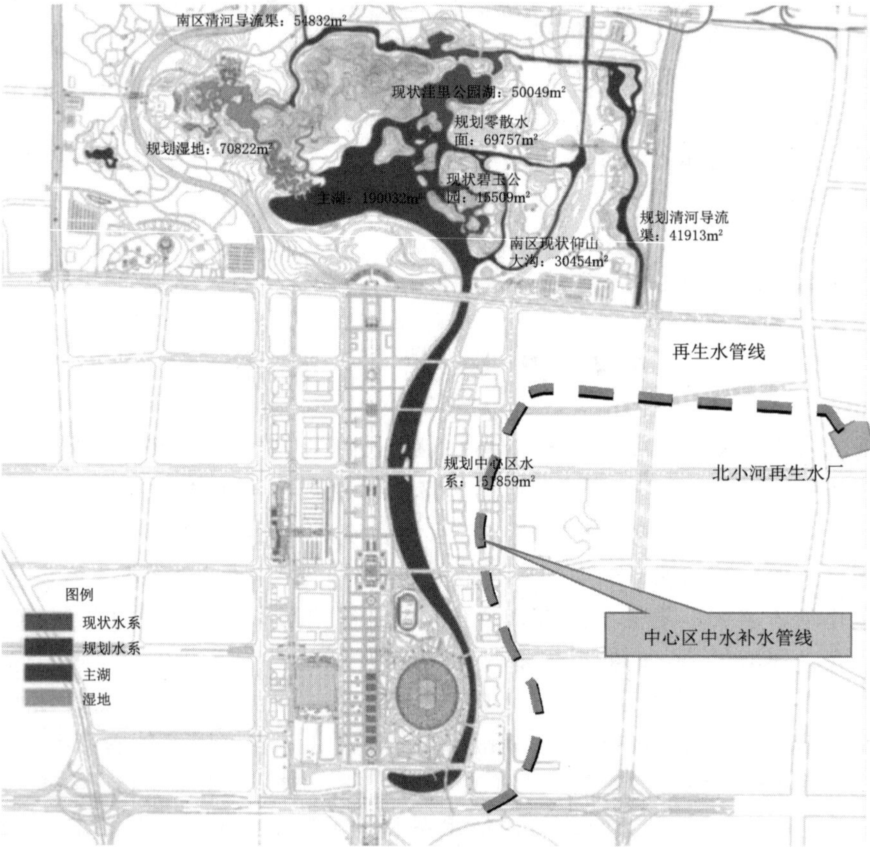

图 6.9　北京奥林匹克公园中心区景观水系

奥林匹克森林公园水系为“龙头”（图 6.10），可以是由城市河湖所供的天然水，也可以是由清河再生水厂所供的中水。

雨水原则上以下渗为主，适当回收。先下渗净化，再回收利用。充分利用水系，对雨水实施有效管理，蓄泄结合，以蓄为主，合理利用洪水资源。

遇较大降雨地面不积水。5 年一遇降雨外排水量的综合径流系数不大于 0.15。流域产生的 50 年一遇以下洪水全部滞蓄在奥运湖。发生超过 50 年一遇洪水时，以泄为主，适时

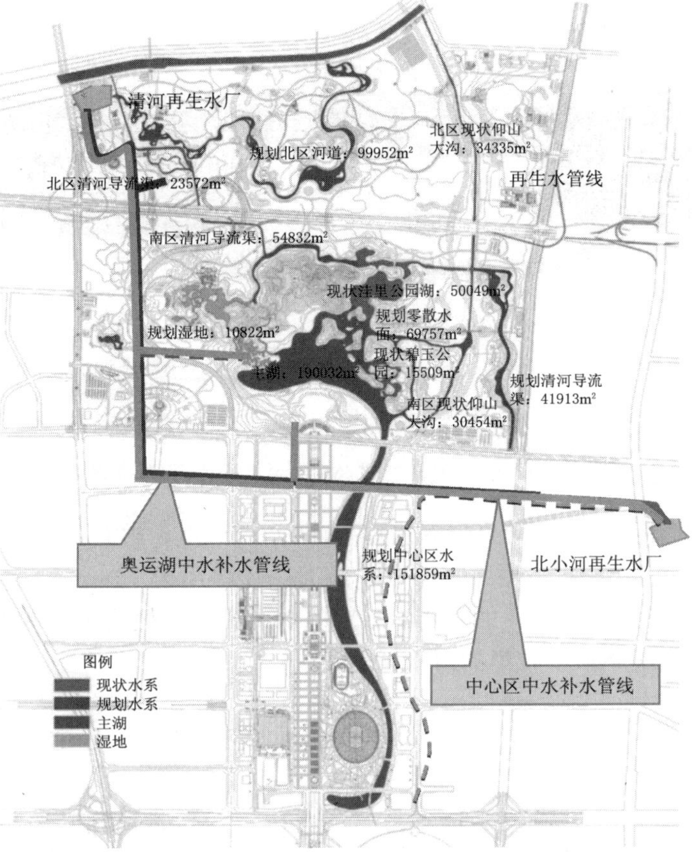

图 6.10　奥林匹克森林公园水系

拦蓄尾水。

屋顶雨水以集中入渗为主，以收集回用为辅，前者通过渗透及绿地入渗实现，后者则以补充水系水源或用于绿地灌溉实现；园路、人行道雨水以透水地面下渗为主，以排入周边绿地下渗为辅；庭院广场、停车场采用新型透水砖，建成生态渗透型停车场；绿地采用下凹式绿地，并适当建设增渗设施；室外运动场采用收集下渗型室外运动场，雨水排入绿地下渗；雨水口设计成生态雨水口；外来雨洪充分利用。

园内广场、道路采用透水铺装，面积总计 52 万 m^2，占硬化面积的 50%。透水铺装之下是雨水收集管网，总长超过 100km。将雨水收集汇入净化水池，加以回用。园内草坪绿地全部建成下凹式，可收集雨水，回渗、涵养地下水。

中心区建造了一套全覆盖、规模化、智能化的雨洪利用示范工程，面积为 $95hm^2$；在设计排水标准为 50 年一遇的下沉花园，设置了 $7000m^3$ 的蓄洪沟，用于雨水的调蓄回用；园内 170 万 m^2 建筑全部建有雨水收集装置，仅屋顶集雨面积就达 23 万 m^2。同时建有 26 座地下集雨池。鸟巢不仅宏伟漂亮，集雨功能也是赫赫有名。在它的下面，集雨池就建了 6 个。

北京奥林匹克公园雨洪利用工程断面图如图 6.11 所示。

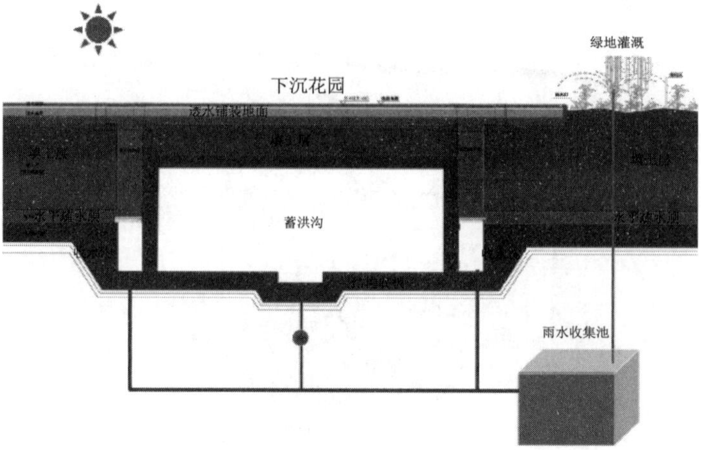

图 6.11　北京奥林匹克公园雨洪利用工程断面图

经测算，北京奥林匹克公园每年利用再生水 800 万 m^3，占全年总用水量的 50%。

在雨洪利用实施过程中，2007 年雨季，最大一场降雨为 108mm，园内施工场地无任何积水，保证了施工进度。另外进行了施工期的雨水收集，把施工场地内的排水作为水系的补水水源，仅 2007 年雨季收集的雨水就达 15 万 m^3。

6.5　未来科学城

2009 年，国务院国有资产监督管理委员会从国有经济布局和结构的战略调整、科技实力、研究队伍情况出发，选择了 15 家中央企业在京集中建设未来科技城，打造一个具有世界一流水准的科技园区。2017 年 3 月，更名为未来科学城。

未来科学城位于北京市昌平区东部，规划用地面积约为 10km^2，园区以温榆河和定泗路（政府街）为界分为南北两区：北区位于小汤山镇东南部，规划用地面积约为 3.5km^2；南区位于北七家镇东部，规划用地面积约为 6.5km^2，其中水塘 0.08km^2，建筑及道路 2.01km^2，耕地及林地 4.41km^2。南区建设项目主要包括央企研发基地建设项目，市政道路、管线、绿地等基础设施建设项目，搬迁安置等住房建设项目，学校、医疗卫生等公共服务建设项目。

南区各个项目都存在不同数量的废弃土方、外借土方、临时堆土。由于各个项目之间联系不够，多余土方不能得到充分利用。同时每个项目临时堆土单独堆放、单独防护，不仅增加了临时占地，同时增加了水土保持措施的投资。堆土点零散分布，导致堆土场管理混乱，水土流失量加剧。因此，为了方便建设项目相互之间进行土方调配，同时避免各个项目因临时堆土增加临时占地，将南区所有建设项目中转土方集中堆放于未来科学城西南部堆土场，并进行统一管理、统一防护。

根据堆土类型的不同，堆土场分为一般土方堆置区、表土堆置区。一般土方堆置区设于项目区西南部、中部；表土堆置区紧邻一般土方堆置区，设于项目区东部。同时为了方便土方运输车辆进出，在堆土区域周边设临时施工道路。

项目占地面积为 28.88hm^2。占地类型主要为裸地、坑塘水面。其中占用裸地 26.61hm^2，占用坑塘水面 2.27hm^2。堆土场最终用地性质为城市规划绿地。

根据南区各建设项目的设计及施工资料可知，南区建设项目土石方开挖总量约为 197.50 万 m^3（一般土方 184.40 万 m^3，表土 13.10 万 m^3），其中市政道路类项目挖方 59.30 万 m^3，房地产项目挖方 104.50 万 m^3，其他类项目挖方 33.70 万 m^3，根据各项目建设工期安排将开挖土石方临时堆放在堆土场内；南区建设项目土石方回填总量为 197.50 万 m^3（一般土方 184.40 万 m^3，表土 13.10 万 m^3），一般土方主要用于园区内水塘回填、场平垫高、道路及房建项目的基础回填等，表土用作各建设项目的绿化、园区内的公共绿地和防护绿地的绿化。

6.6 北京市西郊雨洪调蓄工程

北京市西郊雨洪调蓄工程（原名为北京西郊砂石坑蓄洪工程）位于石景山区、海淀区内，建设内容包括新建永引渠杏石口分洪闸、新建西黄村砂石坑分洪暗涵、新建阜石路砂石坑分洪暗涵以及西黄村砂石坑治理工程、阜石路砂石坑治理工程和西黄村砂石坑、阜石路砂石坑绿化美化工程。工程建设的目的是将永定河引水渠杏石口节制闸上游洪水通过新建的永引渠杏石口分洪闸、西黄村砂石坑分洪暗涵引入阜石路砂石坑、西黄村砂石坑滞蓄工程，同时利用砂石坑回补地下水。工程自 2014 年 2 月 22 日开工至 2017 年 4 月 25 日完成工程竣工验收，共历时 3 年。项目建设单位为北京市水务建设管理事务中心（原名为北京市水务工程建设与管理事务中心）。为保障西郊雨洪调蓄工程的顺利运行，2016 年 10 月设立北京市西郊雨洪调蓄工程管理处（2021 年 6 月，北京市西郊雨洪调蓄工程管理处并入北京市城市河湖管理处，更名为北京市城市河湖管理处西蓄工程管理所），负责西郊雨洪调蓄工程运行维护。

西郊雨洪调蓄工程是北京地区首个大型城市水土保持项目，按照大视野、多目标的原则，实践生态文明建设要求，体现尊重自然、顺应自然、保护自然的理念。建设过程中，在借鉴当地水土保持成功经验的基础上，充分运用先进技术，做到高科技、低投资、高效益，有效控制工程建设过程中的新增水土流失和原有水土流失。通过工程建设，彻底改变之前砂石坑荒芜的景象，增加了生物多样性，改善了周边生态环境。该工程作为一项惠及民生的海绵城市工程，不但可以蓄水防洪，减轻下游河道的排水压力，提高中心城的防洪标准，确保洪水不进中心城，蓄滞的雨洪通过自然入渗回补地下水，还通过各项水土保持措施的落实和维护，将原有的砂石坑变成一个兼具生态、景观、游憩、科研等功能的大型亲水休闲公园，改善了周边居民的居住环境，提高了人民的生活质量，为改善北京西部生态环境作出了巨大贡献。自 2019 年向社会开放以来，每年都有 100 万以上的市民入园参观游览，真正实现了生态、经济、社会效益的有机结合。

该工程是北京防洪规划“西蓄东排、南北分流”的重要组成部分。园内水位随着雨季和旱季的交替有较大的变化，因此景观绿化方案需要在满足蓄洪和回灌等水利功能的前提下展开，以实现“水来人退、水退人还、以水带绿、花开遍地、自然怡人”的总体建设思路。

该工程建成后，汛期有效地发挥了雨洪调蓄作用，减轻了流域范围内的洪涝影响。特别是 2021 年 6 月中旬至 7 月底，北京持续出现强降雨天气，西效雨洪调蓄工程运行水位、蓄水量首破历史最高，阜石路砂石坑水位上涨约 6m，水位高至 46.37m，蓄水总量达到 247 万 m^3；有效减少下泄洪水 356 万 m^3，为北京中心城区及城市副中心防汛工作减轻了压力。

2021 年，北京平原地区地下水平均埋深为 16.39m，高于 2001 年的 16.42m，成为 20 年中地下水位最高的年份，超采区面积比 2015 年最严重时减少 82%。北京市地下水位实现连续 6 年持续回升，得益于“补水”“节水”“控采”三管齐下，“藏水于地”的目标得以初步实现。其中西郊雨洪调蓄工程在“补水”环节发挥了重要意义。西郊雨洪调蓄工程自 2016 年汛期前完成主体部分以来，经历了多场降雨的考验，在实现防洪效益的同时，回补了地下水资源。该工程利用雨洪水、南水北调来水回补涵养地下水源，自 2016 年以来，已累计蓄水超过 5000 万 m^3，基本全部回补地下水。

项目建设时，绿化工程主要以耐水湿特色的乡土树种为基调树种，依托核心湖区两岸水陆交接的过渡地带构建河湖消落带。根据淹没的难易程度及海拔划分区域，对工程内竖向空间进行分层、分级，塑造相对适应的植物群落。在滩地、边坡上主要采用群植、片植的方式进行有韵律、有节奏的种植；行道树柔软的枝条随风摇曳，微微起伏的花灌木以成片种植的方式出现在边坡上，弯曲的地被边线丰富了坡面景观，整个配植效果开合交融，旷幽结合。

项目建成后，运维主管单位不断进行绿化和景观提升，目前园区内绿化面积高达 52.28hm^2，种植了各类乔灌木 111 种、45775 棵，形成多层次的区系植物群落，实现了“三季有花、四季有景、亮点突出”的生态景观效果。春天，园区内有盛开的二月兰、山桃花；夏天，坑底可蓄积雨水，栽种芦苇、睡莲、荷花等水生植物，边坡上超过 4000m^2 的月季梯田已成花海；秋天，园区内有火炬树、水杉、黄栌等多彩植物点缀；冬天，园区用金枝槐、红瑞木等植物增添色彩。2020 年，运维主管单位被北京市园林绿化局（首都绿化委员会办公室）评为“首都绿化美化先进单位”，并得到市民的一致好评。

北京市西效雨洪调蓄工程远景图如图 6.12 所示。

图 6.12　北京市西效雨洪调蓄工程远景图

第7章 展　　望

党的二十大提出了以中国式现代化全面推进中华民族伟大复兴的奋斗目标。强调了人与自然和谐共生、全体人民共同富裕等是中国式现代化的本质特征。到2035年，基本实现新型工业化、信息化、城镇化、农业现代化。将新型城镇化明确为国家战略，推进城乡人居环境整治，基本实现国家治理体系和治理能力现代化，全过程人民民主制度更加健全，基本建成法治国家、法治政府、法治社会。广泛形成绿色生产生活方式，碳排放达峰后稳中有降，生态环境根本好转，美丽中国目标基本实现。中央确立“生态优先，绿色发展”的时代主题，明确了降碳、减污、扩绿、增长的新目标。

习近平总书记在2023年全国生态环境保护大会上强调，坚持以人民为中心，牢固树立和践行“绿水青山就是金山银山”的理念，把建设美丽中国摆在强国建设、民族复兴的突出位置，推动城乡人居环境明显改善、美丽中国建设取得显著成效，以高品质生态环境支撑高质量发展，加快推进人与自然和谐共生的现代化。

中共中央办公厅、国务院办公厅《关于加强新时代水土保持工作的意见》提出了新时代水土保持工作的指导思想为：全面贯彻习近平生态文明思想，完整、准确、全面贯彻新发展理念，加快构建新发展格局，认真落实习近平总书记“节水优先、空间均衡、系统治理、两手发力”治水思路，牢固树立和践行“绿水青山就是金山银山”的理念，以推动高质量发展为主题，以体制机制改革创新为抓手，加快构建党委领导、政府负责、部门协同、全社会共同参与的水土保持工作格局，全面提升水土保持功能和生态产品供给能力，为促进人与自然和谐共生提供有力支撑。提出的主要目标为：到2025年，水土保持体制机制和工作体系更加完善，管理效能进一步提升，人为水土流失得到有效管控，重点地区水土流失得到有效治理，水土流失状况持续改善，全国水土保持率达到73%。到2035年，系统完备、协同高效的水土保持体制机制全面形成，人为水土流失得到全面控制，重点地区水土流失得到全面治理，全国水土保持率达到75%，生态系统水土保持功能显著增强。提出了新时代水土保持工作四大任务为：全面加强水土流失预防保护、依法严格人为水土流失监管、加快推进水土流失重点治理、提升水土保持管理能力和水平。这为城市水土保持提出了新目标、新方向，为建设和谐、宜居的美丽家园奠定了重要基础。

2024年，党的二十届三中全会作出《中共中央关于进一步全面深化改革　推进中国式现代化的决定》，明确提出要加快经济社会发展全面绿色转型，健全生态环境治理体系，推进生态优先、节约集约、绿色低碳发展，促进人与自然和谐共生。在深化生态文明体制改革方面，提出协同推进降碳、减污、扩绿、增长，积极应对气候变化，加快完善落实“绿水青山就是金山银山”理念的体制机制。水土保持生态产品价值实现机制、水土保持碳汇交易等方面的探索和实践，将为新时代水土保持高质量发展注入新动力，为实现人与自然和谐共生的现代化作出新的贡献。

参 考 文 献

[1] 杨伟民. 推进生态文明的城市化 [J]. 中国投资，2013 (1)：30-33.
[2] 刘震. 努力探索城市水土保持的成功经验 [J]. 中国水土保持，2000 (1)：1-3.
[3] 姜德文. 城市水土保持的新机遇新对策新措施 [J]. 中国水土保持，2014 (2)：1-3，29.
[4] 杨进怀，袁爱萍，李世荣. 北京城市水土保持探索与实践 [J]. 中国水土保持，2022 (2)：10-12.
[5] 杨海军，夏兵，黄明华. 城市水土保持的六个转变 [J]. 中国水土保持，2022 (2)：13-14.
[6] 党晨席，高金晖，赵凤伟. 新时期深圳城市水土保持高质量发展思考 [J]. 中国水土保持，2022 (8)：44-46.
[7] 曾祥坤，王仰麟，李贵才. 中国城市水土保持研究综述 [J]. 地理科学进展，2010，29 (5)：586-592.
[8] 王冬梅，张文艳，苏新琴. 城市水土流失及其防治对策 [J]. 城市发展研究，2001 (5)：49-53.
[9] 汪西林，白占雄，王冬梅，等. 可视化技术在城市水土流失调查中的应用 [J]. 水土保持学报，2004，18 (4)：182-185.
[10] 王冬梅. 城市水土保持是城市生态环境建设的根本保障 [J]. 风景园林，2013 (5)：147-148.
[11] 吴长文，刘伟常，盛定生. 城市水土保持规划的原理与方法 [J]. 中国水土保持，1997 (1)：40-42，65.
[12] 钟鸣辉. 城市水土流失防治原则标准与措施研讨 [J]. 中国水利. 2018 (8)：11-13.
[13] 张志兰，郑云泽，史东梅. 城镇建设项目水土保持技术体系及调控分析 [J]. 水土保持应用技术，2018 (5)：25-28.
[14] 柴宗新. 城镇侵蚀及其防治 [J]. 中国水土保持，1997 (1)：33-36，65.
[15] 陈法扬. 论我国城市化过程中的水土保持问题 [J]. 水土保持研究，1997 (1)：16-18.
[16] 林晓龙. 水土保持措施在某开发建设项目中的应用分析 [J]. 水利科技，2023 (1)：76-77.
[17] 顾祝军，陈文龙，高阳，等. 中国城市水土流失的现状、对策及研究展望——以广东省深圳市为例 [J]. 水土保持通报，2022，42 (2)：369-376.
[18] 杨坤. 北京城市水土保持探索与思考 [J]. 中国水土保持，2014 (10)：5-7.
[19] 王志刚，韩培，周耀华，等. 超大城市水土流失空间分布格局及其防治策略——以武汉市为例 [J]. 水土保持通报，2018，38 (5)：122-126，封 3.
[20] 张恒君，于怀良，王柱梅. 城市水土流失与环境治理 [J]. 水土保持通报，1997 (3)：16-20.
[21] 王继增，吴志峰，朱立安，等. 关于城市水土流失研究中若干问题的探讨 [J]. 水土保持通报，2005，25 (4)：106-110.
[22] 祁生林，杨进怀，张洪江，等. 关于我国城市水土保持的刍议 [J]. 水土保持研究，2006，13 (3)：115-118.
[23] 李险峰，郭昭滨. 论城市水土流失和生态城市建设 [J]. 防护林科技，2018 (6)：62，70.
[24] 袁仁茂，杨晓燕，李树德. 论城市水土流失及其类型系统 [J]. 北京大学学报（自然科学版），2001，37 (3)：400-406.
[25] 王锐亮，何丙辉，罗雷. 城市水土保持规划与城市可持续发展 [J]. 水土保持应用技术，2006 (1)：31-32.
[26] 王国. 宁南山区生产建设项目水土流失防治技术体系研究 [D]. 北京：北京林业大学，2013.

[27] 中华人民共和国住房和城乡建设部，国家市场监督管理总局. 生产建设项目水土保持技术标准：GB 50433—2018 [S]. 北京：中国计划出版社，2018.

[28] 北京市规划和自然资源委员会，北京市市场监督管理局. 海绵城市雨水控制与利用工程设计规范：DB11/685—2021 [S]. 北京：北京市规划和自然资源委员会办公室，2021.

[29] 北京市市场监督管理局. 水生态修复技术导则：DB11/T 2180—2023 [S]. 北京：北京市市场监督管理局，2023.

[30] 北京市市场监督管理局. 生态清洁小流域评价与建设技术规范：DB11/T 548—2023 [S]. 北京：北京市市场监督管理局，2023.

[31] 郭廷辅，段巧甫. 水土保持径流调控理论与实践 [M]. 北京：中国水利水电出版社，2004.

[32] 潘安君，张书函，陈建刚，等. 城市雨水综合利用技术研究与应用 [M]. 北京：中国水利水电出版社，2010.

[33] 王萍，杨珺. 景观规划设计方法与程序 [M]. 北京：中国水利水电出版社，2012.

[34] 廖飞勇，覃事妮，王淑芬. 植物景观设计 [M]. 北京：化学工业出版社，2012.

[35] 刘甲荣，舒安平，郭建民，等. 半干旱区高速公路生态护坡技术 [M]. 北京：人民交通出版社，2011.

[36] 深圳文科园林股份有限公司. 海绵城市与园林景观 [M]. 北京：中国林业出版社，2016.

[37] 张振超，张琳琳，王冬梅，等. 生产建设项目表土保护与利用 [J]. 中国水土保持科学，2015，13 (1)：127-132.

[38] 梁德栋，王娇，辛诚澍，等. 山区表土剥离与利用技术探析 [J]. 中国水土保持，2020 (3)：18-21.

[39] 辛诚澍. 典型北方土石山区土壤种子库特征及植被恢复应用潜力 [D]. 北京：北京林业大学，2022.